JN081261

お酒を120%楽しむ!

田村隆明 著

東京化学同人

読者の皆さんへ

お酒が入れば気分が良くなって会話が弾み，食事もおいしくなるなど，お酒は人生をより豊かにしてくれる最高の小道具です。タバコは有害性が指摘され，お茶やコーヒーに含まれるカフェインには過剰摂取により強い毒性がありますが，適量であればお酒ほど健康負荷の少ない嗜好品はありません。お酒は人類が手に入れた二つとない嗜好品ということができるでしょう。

このようにお酒に肩入れする筆者は，「強くないけどお酒好き」という一人です。その筆者がなんと！　本書「お酒を 120% 楽しむ！」を執筆することになりました。しかし本人はお酒関連の仕事とは無関係で，東京化学同人の竹田さんから話があったときも「なぜ私？」という戸惑いがありました。でも自身を分析すると，味覚が鋭い，お酒愛が強くどんなお酒もおいしく飲める，世界のいろいろなお酒にふれてきた経験がある，バーテンダーのアルバイトをしたこともあり，お酒の魅力を伝えるポテンシャルはあるのかもしれません。筆者は学生時代は基礎医学や応用微生物学をかじり，大学教員になってからは分子生物学や生化学の分野で教鞭をとったり教科書を書いたりしていて，本書も当初は科学的視点による解説書のようなものを想定していました。しかし製作が進むに従ってそのスタイルがソフトで親しみやすいものに変わり，今のような形になりました。

書き始めるにあたり，まず考えたのは盛り込む話題です。世の中には多くの辛党，飲兵衛（のんべえ）がいますが，実はお酒の何たるかをきちんと知っている人は意外に少ないのです。そこでまず基本の「キ」，つまり個々のお酒がどんなものか，種類，歴史，造り方やそのバリエーション，味わい方などを客観的に説明することにしました。ただ，それだけだと単なる醸造解説書です。筆者の狙いは飲兵衛の好奇心に応えることなので，中盤以降は飲兵衛が知りたいと思っていることに焦点を当てることにしました。お酒を飲んだ後の体の変化，お酒に強い人と弱い人の差，お酒のおいしさの正体，お酒の熟成の不思議など，目いっぱい盛り込んでみました。健康的な飲み方に合うつまみについてもふれましたが，お酒に合うつまみの稿ではちょっと脱線し，筆者の好みが出てしまいました。話題の柱に「お酒と健康」がありますが，この部分は少しだけ詳しく述べてみました。最後の章では，筆者が「楽しく，おいしく飲みたい」について考えていることを主観的ニュアンスも入れて随想風にしてみました。以上が概要ですが，それぞれの話題には筆者の体験やエピソード，小話やウンチクもふんだんに盛り込んでおり，読み飽きない 1 冊に仕上がったと思います。

本書が読者諸氏のお酒をよりおいしく楽しいものにできれば，こんな幸せはありません。最後になりますが，執筆時の取材に快く応じてくださった田端酒造㈱の長谷川聡子さん（38 ページ参照），お酒のエピソードに関わりがあった飲み友達の皆様，そして竹田 恵さんをはじめ東京化学同人の住田六連社長，平田悠美子さんにこの場を借りてお礼申し上げます。

2020 年 3 月　　田　村　隆　明

目　　次

はじめに　お酒ってどんなもの？……………………………1
お酒はアルコールを含む飲み物 1／お酒は造り方で三つに大別できる 3／醸造酒の造り方とそのポイント 4／糖を食べてアルコールをつくる微生物：酵母 6／糖をどうやって用意する？ 8／蒸留酒の造り方 11／お酒の保存 13／お酒はどう分類されているの？ 14／昨今のお酒事情 15

第Ⅰ部　いろんなお酒に詳しくなる！…………………………19
1 章　清酒：日本伝統の米のお酒……………………………21
清酒ってどんなお酒？ 21／清酒の造り方 23／清酒の原料は何？ 27／いろいろある清酒の種類と名称 30／清酒の定義には合わないけれど… 34／みりん 36／清酒の味 40／清酒の味わい方 42／世界のSAKEへの課題 45

2 章　焼酎：日本が誇る蒸留酒……………………………47
メジャーになった焼酎 47／焼酎の二大分類と本格焼酎 47／本格焼酎の造り方 49／本格焼酎の種類と特徴 51／地理的表示 54／甲類焼酎 55／混和焼酎 56／焼酎の飲み方の定番，お湯割りの極意!? 57／焼酎が愛される理由 58

3 章　ワイン：世界中で愛されるブドウのお酒……………61
ワインってどんなお酒？ 61／ワインの原料：ブドウ 62／スティルワインの造り方 66／スティルワイン造りのバリエーション 68／スパークリングワイン 70／酒精強化ワインってどんなワイン？ 72／フレーバードワイン 74／フルーツワイン 75／ワインの味の評価と

表現 77／ワインを飲んでみよう！ 80／ワインの熟成期間と飲み頃 84／世界のワインの頂点：フランスワイン 84／世界のワイン 87／日本産ワインのチャレンジ 90

4 章　ビール：芳醇さ，苦味，泡，爽快感のハーモニー………93

ビールってどんなお酒？ 93／ビールの原料は何？ 94／ビールの造り方 96／ビールの種類 98／日本のビール造りを見てみよう 104／生ビール論争 104／ビールをおいしく飲むには？ 106／おいしくなったノンアルコールビール 110／ビール系飲料：発泡酒と新ジャンル 111／酒税法の改正とビール系飲料 112

5 章　ウイスキー：スモーキーで複雑な香味の蒸留酒………117

ウイスキーってどんなお酒？ 117／世界の五大ウイスキー 118／スコッチウイスキーの造り方 120／ウイスキーの仕上げ：樽熟成 124／原酒のブレンディング 126／評判のジャパニーズウイスキー 126／日本のウイスキーの原酒不足が心配です 128／ウイスキーの飲み方 129

6 章　ブランデー：果実のアロマ薫る命の水……………………131

ブランデーってどんなお酒？ 131／コニャックの造り方と特徴 132／その他のブランデー 135／ブランデーを味わってみよう！ 138

7 章　スピリッツ：原料も，造り方も，味わいも バラエティーに富む蒸留酒たち……139

スピリッツってどんなお酒？ 139／ラム 140／テキーラ 142／ウオッカ 144／ジン 145／その他のスピリッツ 147

8 章　その他のお酒：世界にはまだまだいろんなお酒がある！……151

リキュールという濃くて甘いお酒 151／リキュールに溶けているものは 4 種類 152／日本にもいろいろなリキュールがある 152／自宅でリキュールを造ってみよう！ 155／東アジアには日本と似たお酒があります 156／韓国で最もよく飲まれるお酒は焼酎 157／韓国の伝統的醸造酒 158／中国の代表的なお酒は 2 種類 159

第Ⅱ部　お酒のなぜ？を科学する……161

Q1　体の中に入ったお酒はどうなるの？……163

Q2　酔っ払うってどういうこと？……165

Q3　なんで二日酔いになるの？……168

Q4　悪酔い対策には何が効くの？……172

Q5　お酒を飲むとトイレが近くなるのはどうして？……175

Q6　なんで飲める人と飲めない人がいるの？……176

Q7　飲めない人はずっと飲めないの？……180

Q8　お酒の〆にラーメンが食べたくなるのはなぜ？……182

Q9　お酒を飲むのは人間だけ？……183

Q10　お酒の味と香りはどこで感じるの？……185

Q11　まずいお酒とおいしいお酒の違いは何？……186

Q12　お酒を寝かせるとおいしくなるってホント？……188

第Ⅲ部　お酒を一生楽しく飲むには？……193

1 章　お酒と健康の間の不都合な真実……195

お酒は肥満の原因になるの？ 195／「お酒はエンプティカロリーなので太らない」はウソ 197／アルコール毒性のおもな標的：肝臓 197／最初にお酒の影響が出るのは胃と食道 200／痛風のおもな原因はビールではありません 200／アルコールとがんとの関係はどう

なってるの？ 202／アルコール依存症は心の病気 205／女性の飲酒には特別な配慮が必要 206

2 章 飲酒「べからず」集……207
食べずに飲むべからず 207／お酒で薬を飲むべからず 208／飲んだらお風呂に入るべからず 209／寝酒をするべからず 210／飛行機では調子にのって飲むべからず 211／一気飲みするべからず 211／妊娠・授乳中は飲むべからず 212

3 章 お酒を百薬の長にする……214
清酒は体にも良いし，肌にも良い 214／健康面の利点がこんなにも。すごいぞ，本格焼酎！ 216／赤ワインは体に良い!? 218／ビールには食欲増進以外にも良いところが！ 221／「適量」ってどれくらい？ 222／飲み過ぎはこうして防ごう 224

おわりに お酒を120% 楽しむ！……227
お酒愛は出会いからはじまった 227／お酒はエポックを心に焼きつけてくれる 229／日本のお酒は掛け値なく，おいしい！ 230／まずいお酒を買っても大丈夫！232／料理はお酒のために！ お酒は料理のために！ 234／ワインにはやはり定番のチーズ 235／旅をし，その土地の料理を食べ，そして飲もう！ 237／楽しい飲みニケーションを 241／私の飲みニケーション 242

参考文献……243
掲載図出典……245

はじめに

お酒ってどんなもの？

お酒はアルコールを含む飲み物

スーパーのお酒コーナーには日本酒やワイン，ウイスキーや焼酎など，いろいろなお酒が置いてあります。容器デザインがジュースと似て，まぎらわしいパッケージには親切にも「これはお酒です」って書いてありますね。一方，同じスーパーの食品コーナーには甘酒や料理酒も置いてありますが，こちらは“酒”とついているものの，お酒コーナーに置いていないのでお酒ではないのでしょうか？　お酒とお酒でないものって何がどう違うのでしょうか？　本書はまずお酒がどういうものかについての説明からはじめることにします。

結論からいうとお酒はアルコールを含む飲み物で，日本では1%以上のアルコール（つまり100 mLの中に1 mL以上のアルコール）を含むものを“酒”と定義していて，酒税が課せられる対象になります。お酒の話題ではアルコール濃度がよく問題になりますね。日本ではアルコール濃度（%）を「度」と表すこともありますが，本書では%と記すことにします。1 mL当たりのグラム数，つまりg/mLを比重といいますが，アルコールの比重は水の比重1.0より小さく0.8です。そのためアルコール25%の焼酎を100 mL飲むと，体に入るアルコール量は $\frac{25}{100}\times100\times0.8$ で20 gとなります。アルコール濃度表現にはプルーフというものもあり，アメリカの100プルーフは日本の50%になります。

お酒に入っているアルコールは正確にはエチルアルコール（エタ

ノール）といいます。昔は酒精とよんでいました。エチルアルコールは化学的に炭素２個，酸素１個，水素６個からなる物質です。化学で“アルコール”といえば，酸素（O）と水素（H）が結びついたヒドロキシ基という構造（－OH）を少なくとも１個もつ物質の総称で，エチルアルコール以外にもプロピルアルコールや強い毒性をもつメチルアルコール（メタノール）などがあります。本書では断らない限りアルコールはエチルアルコールを指します。

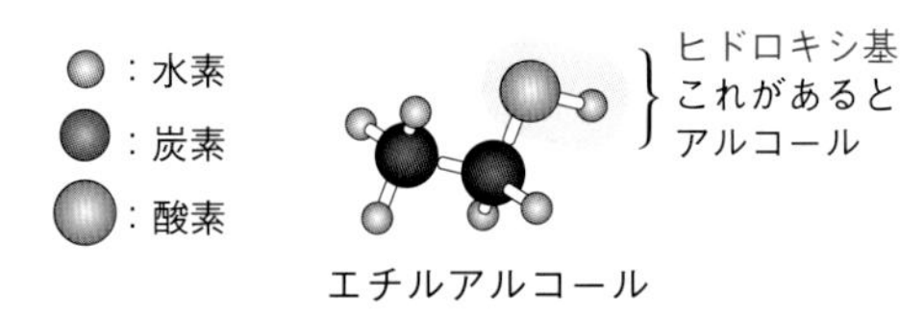

エチルアルコール

アルコールは水とどんな割合でも混ざり合います。そのためお酒は水に溶けるさまざまな物質を溶かすことができ，さらに油に溶ける物質もある程度溶かすことができます。その中にはたとえば栄養素，甘さなどの呈味成分，油分，香りなどの揮発（きはつ）性成分，樽などから染み出る成分などがあります。結果としてお酒は無限の香味（こうみ）のバリエーションをもつことになります。

アルコールは水より蒸発しやすく，沸騰（ふっとう）温度は 78 ℃です。このためお酒を火にかけるとアルコールが水より先に蒸発しますが，この性質は煮切りという料理技術に応用されたり，後で述べる蒸留酒を造る原理にもなっています。ちなみにアルコールは可燃性なので，アルコール濃度の高いウイスキーやウオッカなどに火を近づけると炎を上げて燃えます。

アルコールはタンパク質を壊して病原体を殺す作用があるため，殺菌薬や消毒薬に使われます。病院では注射や採血の前に「アルコールでかぶれませんか？」と聞いた後，アルコールを染み込ませた綿で皮膚を拭いて消毒しますね。アルコールは無色透明で，すぐ蒸発するため消毒薬として優れています。最も強い殺菌力を発揮するアルコールの濃度は70%ですが，40%以上の濃度があればある程度の消毒効果が期待できます。近代医学が発展する以前，傷口や手術道具の殺菌にはアルコール濃度の高いお酒，日本では焼酎，欧米ではウオッカやブランデーが使われていました。

ちなみにお酒好きの人は独特な名前でよばれますが，辛党（からとう）や飲兵衛（のんべえ）はその代表です。上戸（じょうご）も酒好きを意味し，下戸（げこ）は逆に飲めない人のことをさしますね。大工さんが大工道具のノミを左手にもつことから，酒飲みをノミと飲みをかけて左党（さとう）というよび方もありますよ。

お酒は造り方で三つに大別できる

お酒にはいろいろなものがありますが，造り方によって大きく醸造酒，蒸留酒，混成酒の三つに分けられます。以下でそれぞれについて説明しましょう。

1．醸造酒　微生物を使って酒や醤油などをつくることを醸（かも）すといい，醸すことで酒や味噌などを生産する作業を醸造（じょうぞう）といいます。酒の醸造では酵母（こうぼ）という微生物が使われますが，酵母によって糖がアルコールに変化する生物過程を発酵（はっこう），正確にはアルコール発酵といい，清酒，ワイン，ビールなどはこの方法でつくられます。発酵でつくられるアルコールの濃度は，アルコール自身の殺菌効果もあるのであまり高くなりません。最高でも約20%です。

2．蒸留酒　より高いアルコール濃度のお酒が欲しい場合は，醸造酒造りの途中段階でできるもろみ（醪）を蒸留してアルコール分を高めます。アルコールのほうが水より蒸発しやすいため，加熱で発生する蒸気の中にはアルコールが多く含まれます。この蒸気を冷やすと蒸気が液体に戻り，できた液体のアルコール濃度が高まります。蒸留を繰返すことによってさらに高い濃度のアルコール液が得られます。たとえばアルコール 10% のもろみは最初の蒸留で約 30～40%，2 回目の再蒸留で約 60%のアルコール液になります。焼酎，ウイスキー，ウオッカなどはこのようにしてつくります。フランスでは蒸留酒を一般的にオー・ド・ヴィ（命の水）とよびます。

3．混成酒　醸造酒や蒸留酒を混合し，そこに糖分や香り成分，果実や薬草などを加え，有効成分を溶かし込んでつくるお酒です。混成酒にはみりん，梅酒，チュウハイといったリキュール類が含まれますが，アルコール濃度はさまざまです。なお，飲む直前にお酒に果汁や糖分などを加える“個人利用”の飲み物はカクテルとよばれ，混成酒にはあたりません。

醸造酒の造り方とそのポイント

醸造酒製造ではまず糖を含む原料を用意します。清酒，ビールはそれぞれ米，麦からつくられますが，これらには糖がたくさんつながったデンプンが含まれています。原料がデンプンの場合は，まずそれを分解して個々の糖をバラバラにしなくてはなりません。これを糖化といいます。次に糖に酵母をつけ，1週間から数週間ほど発酵させてもろみをつくります。

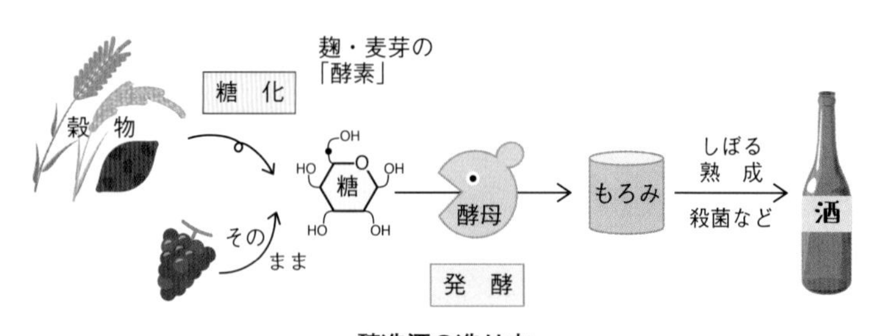

醸造酒の造り方

表1　醸造酒造りでの3種類の発酵法

単発酵	もともと糖を多量に含む原料を用い，糖化を行わず，発酵のみを行う	ワイン
単行複発酵	はじめに原料のデンプンを糖化し，その後で発酵を行う	ビール
並行複発酵	原料のデンプンの糖化と発酵を同時に行う	清　酒

発酵を糖化との関係で単発酵，単行複発酵，並行複発酵に分けることができます（表1）。

酵母をどう用意するかはお酒の種類により異なり，ワインのようにブドウの表面についている自然のものを使う場合もあります。醸造酒は原料に由来する成分（アミノ酸，未利用の糖，香味成分，揮発性成分，ポリフェノールなど）と醸造過程でできる微量成分（アミノ酸，有機酸，香味成分，アルコール類，エステル，ポリフェノールなど）の違いによりそれぞれのお酒に特徴的な味と香りをもっていますが，特にアミノ酸のもつ旨味は醸造酒の味を決める重要な成分になります。

発酵は温度が高いほど速く進みますが，高すぎると発酵過程や味に問題がでやすいので，多くは5～25 ℃といった低めの温度で行います。酵母が生育しているときは熱も出るため，発酵は冷所で行うことが基本です。現在は冷凍機の導入でいつでも醸造できるようになりました。醸造最大のリスクは醸造中に雑菌などが繁殖してもろみやお酒が台無しになることです。微生物は酸や熱に弱いので，酸性にするか，加熱することで，お酒を雑菌から守っています。

発酵を終えたもろみをしぼってお酒を集め，一定期間保存して味を落ち着かせ，その後瓶詰めして出荷します。この間も残存する酵母や雑菌が増えて品質が低下するおそれがあります。醸造酒程度のアルコール濃度では十分な殺菌作用は期待できないため，多くの場合，火入れあるいはパスツリゼーションとよばれる約 60 ℃での低温殺菌を行います。「生」と銘打ったお酒ではこのような措置をとりません。加熱の代わりに細かなフィルターで微生物をこして除く場合もあります。「生」のお酒は保存には向きませんが，加熱による変質がないので，お酒本来の味を味わうことができます。

 糖を食べてアルコールをつくる微生物：酵母

酵母には清酒用，ビール用，ワイン用，パン用などの種類がありますが，生物学的には下面発酵ビール酵母などを除けばすべて同一種です。各お酒の酵母はそれぞれに合うように改良されています。酵母の学名はサッカロミセス・セレビシエといいます。サッカロは糖，ミセスはカビ，セレビシエにはビールの意味があります（ご存知かもしれませんが，スペインではビールをセルベッサといいます）。1000 分の 1 mm を 1 ミクロンといいますが，酵母は 5～10 ミクロンの楕円形の単細胞生物で，芽が出るようにして増えます。酵母は自然界のいたるところにいますが，糖分を好むので，ブドウなどの果物の表面や蜜のあるところにたくさんいます。自家製酵母でパンをつくる場合，干しぶどうを浸した水を酵母液として使うのはこのためです。酵母が食べることのできる糖はブドウ糖や果糖といった基本となる一番小さな糖，つまり単糖と，単糖が結びついたショ糖（砂糖）や水飴の甘味のもとである麦芽糖などです。

酵母はなぜ発酵をするのでしょうか？　アルコール発酵に限らず，すべての発酵は微生物が生きていくために必要なエネルギーを得る活動の一環で，その結果として人間に有用な物質がつくられます。発酵の過程で，酵母に食べられた糖はいろいろな物質に変化しながらアルコールになります。このような細胞の中で起こる化学変化を代謝といいますが，アルコール発酵の代謝はすべての生物がも

つ解糖系という経路を通って進み，その過程でATPとよばれるエネルギー物質がつくられます。解糖系の最後には乳酸ができますが，乳酸菌はこの経路をたどる乳酸発酵とよばれる発酵を行います。チーズやヨーグルトや漬け物は，この乳酸発酵を利用してつく

マクドナルドでビールを

もう35年も前のことになるでしょうか，筆者がフランスのマクドナルドに入ったときのこと，メニューを見てビックリ！　なんと日本では考えられないことですが，ビールを売っているじゃないですか！　今ではビールを出すマクドナルドのある国は珍しくないそうです。フランスには“食事にはワイン”という伝統がありますが，マクドナルドにはビールはあってもワインはありませんでしたし，この状況は今も変わっていないようです。これってどういうコト？　筆者はそのとき「フランスではビールは清涼飲料水なんだ！」と理解しました。酒に強い人が多く，夜の車の大半は飲酒運転と揶揄されるお酒大国のフランスでは，ビールのような弱いお酒は他のお酒とは捉え方が違うようです。現在ヨーロッパ諸国の多くは飲酒可能最低年齢が14～18才と日本より緩くなっています。ただ度数の高いお酒は逆に厳しい年齢制限や販売制限があり，夜はビール以外のお酒が買えなくなる国がいくつもあります。筆者もヨーロッパに旅行中，夜，ワインが買えずに困ったことがありました。こうしてみると日本はお酒に関しては寛容というか，ある意味無頓着だと思ってしまいます。本当かって？　だって筆者の知る限り，お酒の宣伝がメディアにこれだけ氾濫している国は日本くらいのものですから。北米ではお酒提供に関しての規制が日本以上に厳しく，ビールでさえもコンビニで売っていませんし，レストランでも酒類提供免許をもっていないところはザラにあります。

られます。酵母の場合は解糖系の後半に別のルートに入り，炭酸ガス（二酸化炭素）を出してアルコールになります。炭酸ガスはアルコール発酵の主要な副産物で，スパークリングワインやビールはこのガスを直接利用し，パン製造ではパン生地を膨らますために利用されます。ちょっとビックリですが，アルコール発酵において酵母は酸素を必要としません。

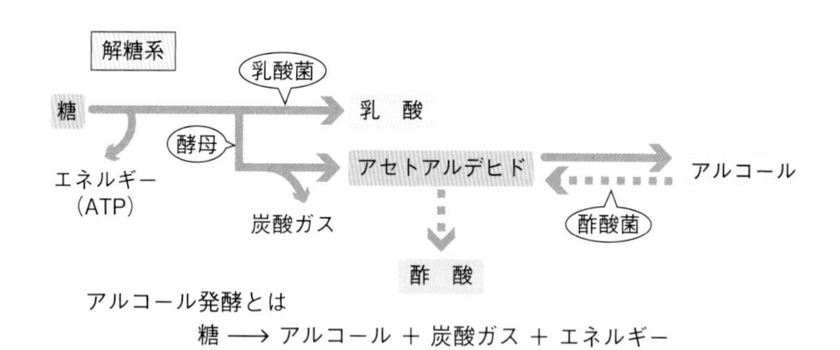

上図の中に，アルコールからアセトアルデヒドを経由して酢酸ができる点線の矢印で書かれたルートがありますね。これは酢酸菌の中で起こっている酢酸発酵の経路で，食用の醸造酢やナタデココ，カスピ海ヨーグルトなどはこのルートを通ってつくられます。

糖をどうやって用意する？

4ページの図をもう一度見てみましょう。酵母の餌となる糖はおもに二つの方法で用意されます。一つ目は糖をたっぷり含む材料をそのまま使う方法で，果糖，ブドウ糖，ショ糖などが多く含まれる果物や，サトウキビなどのしぼり汁やそこからできる糖蜜や黒糖が使われます。特殊な例として蜂蜜や，乳糖を含む家畜の乳を使う方法もあります。

思い出多い中世から続く街ストラスブール

19 世紀後半の科学者にパスツールという人がいます。生物が自然に発生しないことを証明したり，低温殺菌法であるパスツリゼーションや狂犬病ワクチンを発明した有名なフランス人科学者です。そのパスツールが 1850 年代前半に一時期教鞭(きょうべん)をとっていたストラスブール大学で，筆者も一時期研究者として働いていました。当時の大学はパスツールの偉業を記念してルイ・パスツール大学とよばれており，筆者の仕事場だった研究棟の隣にはパスツールが実際に使っていた研究室を移築したパスツール・パビリオンがあり，そこも現役の研究室として使われていました。

大学の建っている旧市街地は中世の姿を当時のまま残し，郊外にはパスツールが住んでいた時代と同じく広大なブドウ畑が広がり，おいしいアルザスワインを存分に楽しめました。ストラスブールは，フランス随一のおいしいビールであるクロナンブールや食後酒として有名なサクランボブランデーのキルッシュの産地でもあります。絶好の酒のつまみである名物のフォアグラや臭いマンステールチーズが楽しめ，白ワインやビールに合う酢漬けキャベツ煮込みのシュークルートや白チーズとタマネギを散らした薄焼きピザ風のタルトフランベ，塩気のきいたパンであるプレッツェルが味わえます。お酒に関するこの原稿を書き始めるにあたり，パスツールをはじめ，シュバイツァーやゲーテといった偉人も学んだ大学キャンパスで過ごした当時を思い出します。

パスツールの肖像
[オルセー美術館所蔵]

街のシンボル
ストラスブール大聖堂

もう一つの方法は，デンプンなど糖がたくさんつながった物質を酵母が利用できる小さな糖にまで消化（分解）する方法ですが，大きく分けて麹を使う方法と麦芽を使う方法があります。

麹とは東アジア地域だけで使われてきた米や麦といった穀類，あるいはイモ類に，コウジカビやケカビなどのカビ類を繁殖させたものです。これらのカビの中には病原性をもつものもありますが，醸造に使われるものは無害なので心配はありません。日本の麹には伝統的にアスペルギルス属に属するコウジカビが使われ，中国などの大陸ではムコール属に属するケカビなどが使われます。コウジカビは生物学的にはカビに属するのですが，麹菌とよばれることもあります。本書では，たとえば清酒醸造で使われる黄麹のように麹は漢字で，カビそのものは黄コウジカビというようにカナ表記することにします。

コウジカビは消化に働く酵素とよばれるタンパク質を何種類も大量に分泌してデンプンを糖に分解し，タンパク質をアミノ酸に分解します。デンプンを消化する酵素はアミラーゼといい，唾液にも含まれています。お米を噛んでいるとだんだん甘くなるのはこのためですね。コウジカビのアミラーゼは日本人科学者の高峰譲吉により発見されました（コラム参照）。

麹を使ってつくる食品に甘酒がありますが，甘酒といってもお酒ではありません。つくる方法には２種類あります。一つは正式な方法で，炊いた米に麹を混ぜて保温し，一晩置きます。酵母が作用しないのでアルコールはできません。もう一つは清酒粕，つまり酒粕をお湯で溶き，そこに砂糖を加える方法で，少量のアルコールを含みます。

次に，麦芽とは水を吸った麦が発芽したもので，おもに欧米で酒造りに使われてきました。麦芽の細胞でアミラーゼが合成され，種に含まれているデンプンが消化されて，ブドウ糖が2個つながった水飴の主成分である麦芽糖になります。麦芽をイモ類や他の穀類に加え，そこに含まれるデンプンを糖にすることもできます。

特殊な糖化の例としてはテキーラの原料となる竜舌蘭（りゅうぜつらん）があります。竜舌蘭という植物は果糖がたくさんつながった物質イヌリンを大量に含んでおり，加熱によって分解反応が進み，たくさんの果糖ができます。

蒸留酒の造り方

蒸留酒はもろみを蒸留して造ります。乱暴にいえばもろみが清酒

ちょっと詳しく

麹アミラーゼの発見者 高峰譲吉

高峰譲吉（1854〜1922）は富山県高岡市で生まれました。母の実家が酒蔵だったため若いときから醸造に興味をもち，清酒醸造で使われていた麹のもとになるコウジカビがデンプンをどのように糖に変えるのかについて研究し，カビのつくる酵素ジアスターゼ（アミラーゼ）により糖化が起こることを明らかにしました。1890年に渡米後，酵素をタカジアスターゼと命名し，日本で現在の第一三共の前身である三共製薬を創立しました．そこで酵素を消化薬としてアメリカを中心に売り出し，大いに評判となったのです。譲吉はその後ホルモンの一種アドレナリンを発見し，初めてホルモンの精製・結晶化に成功しました。アドレナリンは医学的にきわめて重要な物質で，高価でしたが需要も多く，譲吉は巨万の富を得ることになりました。高峰譲吉は単なる科学者にとどまらず，成果を事業につなげるプロデュース力に長けた優れた実業家でもあったのです。

用であれば（米）焼酎（しょうちゅう），ワイン用であればブランデー，ビール用であればウイスキーができます。蒸留の方法には1回ずつ蒸留する単式蒸留と，連続して何回も蒸留できる連続式蒸留があります。

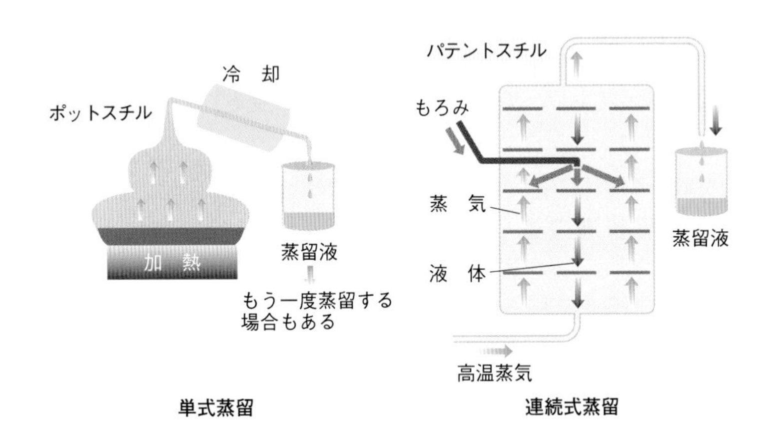

単式蒸留はポットスチルといわれる銅製の蒸留釜で行います。銅は熱の伝わり方がよく，不快な香り成分である硫黄性化合物やその他の不純物を吸着する働きがあります。釜の加熱は直火や高温蒸気により約90℃と高めで行い，本格焼酎やラムはこの方法で造られます。1回の蒸留ではもろみ中のアルコール以外のいろいろな蒸発成分も回収されるため，風味のきいた特徴的な味のお酒ができ，一方，複数回蒸留するほど雑味の減った高純度のお酒になります。スコッチウイスキーやブランデーは単式蒸留を続けて2回行います。蒸留装置全体の気圧を下げると沸騰する温度が下がります。これを減圧蒸留といい，50年ほど前から本格焼酎で応用されはじめました。50℃程度の低めの温度で蒸留できるため，高温では蒸発する成分がもろみに残り，全体としてクセのない軽快な味になります。

他方，連続式蒸留ではもろみをパテントスチルとよばれる連続式蒸留塔の中ほどから連続的に投入し，下から高温の蒸気を入れて下段で蒸発させたものを上段で液化させ，そこでもまた蒸発させてより上段で液化させます。液は一部下段に落下し，再度加熱されて蒸発します。このような工程が何度も繰返されることによって上段にいくほどアルコール濃度が濃くなり，しかも連続的に得られます。単式蒸留に比べるともろみがもつ風味は減りますが雑味のないすっきりした味になります。連続式蒸留焼酎（いわゆる甲類焼酎）や原料用アルコールはこの方法で造られます。よりアルコール純度を上げたい場合は蒸留塔を何本かつなぎ足し，最高で96％の純アルコールに近いアルコール液を得ることができます。ちなみに工業的にこのように製造したアルコールをバイオエタノールといいます。バイオエタノールは炭酸ガスを吸収して育った植物から造られ，それを燃やして炭酸ガスにしても太陽光エネルギーでまた植物の体ができるので，再生可能エネルギーの一種とみなされています。

蒸留直後の新酒は風味が荒削りなため，一定期間貯蔵して風味を落ち着かせます。これは一種の熟成で，俗に寝かせる，慣らすともいい，酒類によって数週間〜数年（数十年）間貯蔵，熟成させます。その後，水を加えてアルコール濃度を20〜60％の間に調整します。貯蔵を木の樽で行うと木の成分が染み出して琥珀（こはく）色になり，独特な風味が加わります。以上のように，蒸留酒は原料や醸造法に加え，蒸留法と熟成法が品質の決め手になります。

お酒の保存

酒屋さんでは，おおむねお酒を室温で陳列していますが，なかには冷蔵庫に置いてあるものもありますね。いったいお酒はどれくらい保存がきくのでしょうか？　醸造酒の室温での保存期間は清酒のように数カ月〜数年以内というものから，ワインのように数年〜数十年と，酒類によってかなり幅があります。当然ですが，瓶（びん）を開封すると雑菌が入ったり，空気で酸化されやすくなるので保存期間は短くなります。酒精強化ワインは開封しても数カ月くらいは問題ありませんが，クラフトビールや生酒（なまざけ）の清酒のように，生きた酵母が入っているお酒は生鮮食品と同じく，冷蔵庫でも数週間くらいしかもちません。お酒の中の成分が紫外線により変化してしまうので，光を避けて保存するようにしましょう。お酒の瓶に色がついているのも光を遮断するためです。他方，アルコール濃度の高い蒸留酒は殺菌力が強く酸化もされにくいので，暗い涼しい所であれば基本的に期限なく保存できます。お酒には賞味期限表示がないため，保存方法や保存期間は自分で判断しましょう。

お酒はどう分類されているの？

お酒は食品であるにもかかわらず，それを管轄するのは農林水産省ではなく財務省の外局である国税庁です。これはお酒が贅沢（ぜいたく）な嗜好（しこう）品とみなされる課税対象品であるためで，税金を確実にとることがいかに重要視されているかが何となくわかります。事実，明治時代，酒税は税収全体の約 40% を占める重要なものでした。

お酒にはウイスキー，ワイン，チュウハイなどいろいろなものがありますが，お酒の名称は法的には酒税法で明確に規定されています。これはとりもなおさずお酒にきちんと課税するための措置です。そのため，なかには一般的なお酒の呼び方と必ずしも合致しないものもあることに注意する必要があります。表 2 や 16 ページの表 3 に酒税法で使われる酒類名を載せました。

お酒の品目区分は製法，原料や添加物，アルコール濃度（%，度数），エキス分の量（%，度数）で決められます（表 3）。エキス分とはお酒を蒸発させた後に残るもので，アミノ酸，有機酸，タンパ

表2　酒税法における酒類分類（国税庁ホームページより改変）

酒　類[注1]	内　訳
発泡性酒類	ビール，発泡酒，その他の発泡性酒類（ビールおよび発泡酒以外の酒類のうちアルコール分が10％未満で発泡性を有するもの）[注2]
醸造酒類	清酒，果実酒，その他の醸造酒
蒸留酒類	連続式蒸留焼酎，単式蒸留焼酎，ウイスキー，ブランデー，原料用アルコール，スピリッツ
混成酒類	合成清酒，みりん，甘味果実酒，リキュール，粉末酒，雑酒

注1　酒類はアルコール分を1％以上含む飲料。醸造酒類，蒸留酒類，混成酒類のうち，発泡性酒類に該当するものは除かれる。
注2　アルコール分は2020年10月1日から11％未満に変更される。

ク質なども含まれますが，最も多いものは糖質です。蒸留酒にはエキス分がほとんどありませんが，醸造酒やリキュール，みりんにはたくさん含まれます。読者の中には酒類区分名に“日本酒”がないことに気づかれた方もおられるのでは？　“日本酒”とは純国産清酒の意味で使われる清酒における地理的表示の一つです。地理的表示については54ページを参照してください。

1960年代，日本のメーカーが水を加えると酒になる“粉末の酒”を考案しました。それまで「酒は液体」という前提があったため，税金のかからない酒として当時大変話題になりました。しかし1981年に法律が改正され，粉末酒も酒類に組込まれることになりました。

昨今のお酒事情

現在，私達はどういうお酒をどれくらい飲んでいるのでしょうか？　そしてお酒の飲まれ方はどう変わってきたのでしょうか？

表 3　酒税法における酒類の定義(国税庁ホームページより改変)注

品　目	定義の概要
清酒（㋐22%未満）	米，米こうじおよび水を原料として発酵させ，こしたもの
	米，米こうじ，水および清酒かすなどを原料として発酵させて，こしたもの
合成清酒（㋐16%未満，㋓5%以上など）	アルコール，焼酎または清酒と政令で定める物品から製造した酒類で，その香味などが清酒に類似するもの
連続式蒸留焼酎（㋐36%未満）	アルコール含有物を連続式蒸留器により蒸留したもの
単式蒸留焼酎（㋐45%以下）	アルコール含有物を連続式蒸留器以外の蒸留器で蒸留したもの
みりん（㋐15%未満，㋓40%以上など）	米，米こうじに焼酎またはアルコールを加え，こしたもの
ビール（㋐20%未満）	麦芽，ホップおよび水を原料として発酵させたもの（㋐20%未満）
	麦芽，ホップ，水および麦その他定める物品を原料として発酵させたもの
果実酒	果実を原料として発酵させたもの（㋐20%未満）
	果実に糖類を加えて発酵させたもの（㋐15%未満）
甘味果実酒	果実酒に糖類またはブランデーなどを混和したもの
ウイスキー	発芽，糖化させた穀類を発酵させたアルコール含有物を蒸留したもの
ブランデー	果実を原料として発酵させたアルコール含有物を蒸留したもの
原料用アルコール	アルコール含有物を蒸留したもの（㋐45%以上）
発泡酒	麦芽または麦を原料の一部とした発泡性酒類（㋐20%未満）
その他の醸造酒	穀類，糖類などを発酵させたもの（㋐20%未満，㋓2%以上）
スピリッツ	上記のいずれにも該当しない酒類（㋓2%未満）
リキュール	酒類と糖類などを原料とした酒類（㋓2%以上）
粉末酒	溶解して㋐1%以上の飲料とすることができる粉末状のもの
雑　酒	上記のいずれにも該当しない酒類

注　㋐はアルコール分，㋓はエキス分を表す。

これらの点を統計資料からひもといてみましょう。

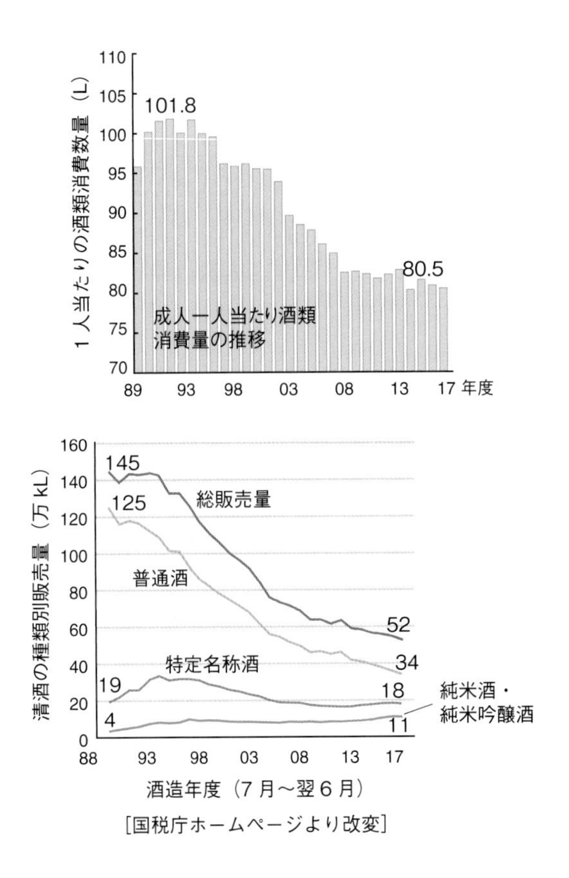

[国税庁ホームページより改変]

まず私達が1年間に飲むお酒の量ですが，ここ25年で約2割ほど減っています。これには一人が飲む量の減少と，飲まない人の割合の増加の両方の理由があると考えられます。最近の人はお酒を飲まなくなったといわれますが，こういうところに現れているようです。お酒消費減少の最大のものは清酒で，ここ30年で36%にまでなっています。ただ激減しているのは普通酒で，高級な特定名称酒はあまり減っていませんし，その中でも純米酒や純米吟醸酒などはむしろ増えています。これは昨今の日本酒ブームを反映しているものと思われます。最近 10 年で見た場合，ワインやウイスキーは，それぞれ健康志向によるワインブームやハイボール人気もあって増えてきています（表 4）。若者を中心に人気のあるチュウハイはエキス分が 2％以上か 2％未満かによって，それぞれリキュールかスピリッツに分けられますが，いずれも最近伸びています。他方，ビール系飲料全体は少しずつ減っているようです（詳細は第Ⅰ部の 4 章参照）。

表 4　酒類販売数量（kL）の推移（国税庁ホームページより改変）

品　目	2007	2012	2017
ビール	3214671	2684573	2540328
発泡酒	1473091	781290	678233
焼　酎	1004782	908091	816044
リキュール	945494	1973727	2181465
清　酒	664114	592661	525745
果実酒（ワイン）	229527	320785	363936
スピリッツなど	92573	248081	458980
ウイスキー	75887	98865	160415
合　計	8761360	8537587	8373636

第Ⅰ部

いろんなお酒に詳しくなる

「はじめに」ではお酒の基本的な事柄についてお話しました。さて，この第Ｉ部ではいろいろなお酒をご紹介します。この第Ｉ部が必要だと思ったのは筆者の体験によります。ある年の初夏，知り合いとビアレストランに入ってビールを注文しようとしたときのことです。「限定ヴァイツェン！」というポスターが目に入ったので，私が先導して注文しました。筆者はそれが小麦を原料にし，酵母により少し濁っているけれどホップが抑えめの爽やかな飲み口のビールと知っていました。味は以前ミュンヘンで飲んだものに近いものでした。ところが友人は一口飲むと怪訝（けげん）な顔をして「何，これっ！」と言い，そそくさと飲み終えると本人の定番『スーパードライ』に移ってしまったのです。また，こんなこともありました。家で外国人の一家に日本食をふるまったとき，子供はほとんど手をつけることすらしませんでした。一方，両親は「どんな味だろう？」と好奇心で箸を伸ばし，「おいしい！」と反応してくれました。

上に述べたエピソードの中に，さまざまなお酒をおいしく飲めるヒントがあります。第一は好奇心をもってお酒に向き合うこと，そして第二はその好奇心を膨らますためにお酒について詳しくなることです。そのお酒はどんな原料でどう造られたのか，どんな歴史がありどんな飲まれ方をするのか，そしておいしく飲むにはどうするのかなどの基礎知識，いわばお酒とお酒を取巻く文化を知っておくことです。世の中にはおいしいお酒がたくさんあるのに，それを味わう機会を遠ざけてしまうのは実にもったいない。そう思いませんか？　そういう想いもあり，第Ｉ部ではお酒に詳しくなるための情報を筆者の体験も含めてまとめてみました。

清酒
日本伝統の米のお酒

清酒ってどんなお酒？

清酒は米を原料にする日本伝統のお酒で，稲作がはじまった頃には大陸からの技術導入によってすでに醸造が行われていたと考えられ，古事記などの八岐大蛇伝説にも八塩折之酒というお酒が登場します。この頃はまだ濁ったお酒でした。酒造りははじめ朝廷のものでしたが，平安時代から鎌倉時代になるとそれが神社，さらには庶民のものとなり，酒を売る酒屋も生まれて室町時代には一大産業になりました。ついで精白米の使用，もろみ（醪）をこすことによる澄んだお酒にする技法，火入れによる殺菌（なんと，パスツールが加熱殺菌法を発見するずっと前から行われていたんです！），酒母づくりや三段仕込み法の開発，酒造りを安定させる冬期の仕込みなどといった今日の酒造り技術の基本ができました。明治時代になると酒母も生酛から山廃酛そして速醸酛が開発され，またほうろうタンクの使用や活性炭ろ過や冷蔵装置の導入，精米機の改良，そして酵母，麹，酒米の改良といった技術革新と酒蔵の近代化と大型化があり，お酒の生産量と品質は飛躍的に向上しました。後述しますが，戦中から戦後の混乱期には代替的な原料も使われました。近年，清酒の品質はどんどん向上して純米酒などの生産量は増えていますが，普通酒が激減しているため，清酒全体の消費量は減っています。杜氏といわれる清酒造りを担う技術集団の親方に関しては，野心的で優秀な若手が次々に参入しているものの，全体的には醸造技術者の減少や高齢化といった問題が指摘されています。ちなみに清酒というよび方は酒税法で使われる名前で，本書でも清酒と表記しますが，一般的には“日本酒”とよばれていますね。日本酒は米および麹に国産米のみを使い，定められた製法に従って国内で造られた清酒のみが名乗ることのできる，“地理的表示”にあたる一種のブランド名です。詳しくは表 8（55 ページ）で説明します。

ちょっと詳しく

時代劇で見る頻繁な飲酒シーンってリアル？

テレビなどで時代劇を見ていると，同心や岡っ引きが昼間から居酒屋でお銚子 1，2 本つけながら捜査の打ち合わせをするシーンがよく出てきます。本当に「いつも昼間っから飲んでるな～」と思います。たいていの日本人ならそれだけ飲めば酔いがまわり，仕事にも何かしらさしさわりが出るはずですが，映像上では飲んだ後でも普通に走ったり立ちまわる演技をしていますね。当時の日本人はめっぽう酒が強かったのでしょうか。いやそんなことはないはずで，実はこれには訳があります。江戸時代，町で飲むお酒は酒問屋や酒の小売り店で 3～4 倍に薄められており，アルコール濃度がビールと同じ 4～5％しかなかったそうなのです。それなら 1，2 合飲んでもほぼ平気ですね。薄めた一番の理由は，当時の清酒はみりんのようにアミノ酸や糖分が濃くてそのまま飲んでもあまりおいしくなく，薄めたほうがおいしかったためだそうです。お酒を濃い状態で出荷していたのは保存性向上の意味もあったでしょうが，輸送コストを減らすのが主目的でした。ちなみにお酒が日常的に飲めたのは価格が安く，お銚子 1 本が今の金額で 50 円程度だったことにもあったかもしれません。

清酒の造り方

清酒の製造法には，① 米，水，麹を使ったものを発酵させ，その後こすという典型的製法以外にも，② 麦や粟などの雑穀，デンプンやその消化物といった認められた代用原料を一定量以下使って発酵させて造る方法，③ もろみの量を 3 倍に増やした以前あった三倍増醸酒のように，アルコール，糖類，アミノ酸，酸類などをもろみに一定限度以下添加して造る方法，そして④ 手直し酒のように，清酒に清酒粕を加えてからこす方法の 4 種類があります。次に典型的な清酒の製造法について見ていきましょう。

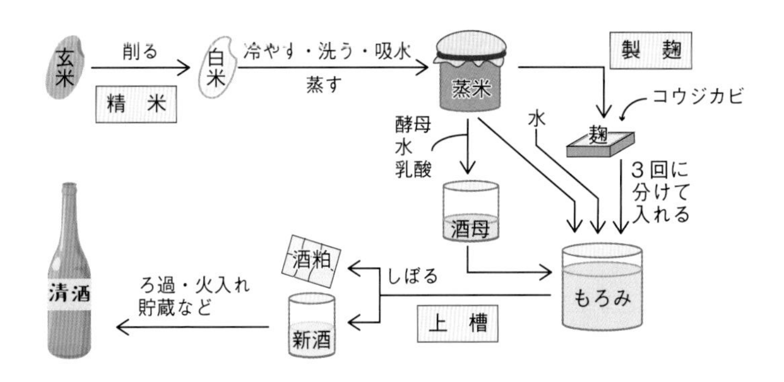

1．米の処理　まず玄米を精米して外側を削りとり，吸水させてから蒸します。食用米の精米では胚芽と表面の皮を糠（ぬか）として除くために，重さにして外側の 10% ほどを削ります。これを精白率 10% あるいは精米歩合（ぶあい） 90% といいます。清酒造りでは精米歩合を約 70% と低くします（詳しくは後述）。吸水量は蒸米（むしまい）の性質や発酵状態，ひいてはお酒の品質に影響を与える重要な要素です。加熱するとデンプンの密集した構造であるベータ構造が緩んで水が入り込みやすいアルファ構造に変化し，麹の酵素で糖に分解されやすくな

ります。

2．麹づくり　　蒸米の一部とコウジカビから麹（米麹）をつくります。29ページで詳しく説明します。

3．酒母づくり　　麹ができたら残りの蒸米に酵母をつけ，酵母が十分に増えたら，発酵開始の種となる酒母をつくります。酒母の質と量は発酵の成否を決める重要なポイントです。昔は酒蔵の天井から落ちる自然酵母を使っていましたが，現在では“きょうかい1801号”など，純粋に生育させた発酵力の強いものを使用するのが一般的です。ただお酒の味に個性をもたせるため，あえて自然酵母にこだわっている酒蔵もあります。

醸造は雑菌のない状態で行うことが肝要ですが，発酵が終わってアルコールが十分できてしまえば雑菌はもうそんなには増えません。しかし酵母が少ないなどの理由で発酵が遅いとその間に雑菌が増え，酒造りは失敗してしまいます。このためまず発酵スターターである酒母の中の雑菌を抑える必要がありますが，そのために広く行われる作業が乳酸の添加です。乳酸を加え，約2週間かけて育てた酒母を速醸酛といい，現在の酒母造りの主流となっています。速醸酛は効率が良く失敗が少ないのですが，乳酸という化学物質を加えるだけなので，お酒の個性が減るという側面もあります（次ページコラム）。速醸酛の進化型として，約60℃という高温ですばやく米を糖化させ，冷却後に酵母と乳酸を加えて酒母に育てる高温糖化酛というものもあります。酒母づくりのコストと時間を縮め，約1週間で安全に醸造できる方法として温暖な地域を中心に用いられています。

4．造り　　次に酒母に水，発酵の主原料となる蒸米である掛米，そして麹と合わせてタンクで仕込み，かく拌しながら発酵させてもろみとします。ただこのとき，原料を全部入れると酵母が薄

ちょっと詳しく

伝統的酒母

速醸酛以前の伝統的酒母は生酛（きもと）でした。生酛では最初に米麹の中でおもに乳酸菌を増やし，できた乳酸で雑菌を抑えます。その後酵母を加えますが，酵母が十分増えて良好な酒母になるまでに約１ヵ月かかります。酒母では乳酸菌以外のいくつかの自然の微生物も育っているため，できるお酒から自然の風味と酒蔵ごとに特徴のある味わいが醸しだされ，辛口で力強い仕上がりになります。実際には，まず小さな木桶に入れた蒸米と麹を液状になるまで時間をかけて何度もすり潰して乳酸菌などが生えやすい状態にします。この作業を山卸（やまおろし），あるいは酛すりといいます。科学的知識のない時代にこのようなデリケートで理にかなった方法が確立していたことは驚きに値しますね。山卸は大勢で行う冬の重労働でしたが，近代になると，麹のもつ酵素により米や麹が自然に溶けるため，山卸が必ずしもいらないことがわかり，山卸を廃止した酒母である山卸廃止酛がつくられました。これがよく聞く山廃酛（やまはい）です。生米と蒸米を水に浸けて乳酸菌を増やし，その水を仕込み水として利用する水酛という特殊な酒母もあります。

まって発酵効率が下がり，雑菌が繁殖しやすくなるため，原料の投入は初添（はつぞえ），仲添（なかぞえ），留添（とめぞえ）と，３回に分けて行います。これを三段仕込みといいます。発酵温度も重要です。発酵温度が高いと発酵は速く進みますが，酵母が弱って管理に失敗します。他方，低いと味はきめ細かく淡麗になりますが，アルコール濃度はなかなか上がりません。発酵を 8〜18 ℃で 20〜30 日行うとアルコール濃度は最終的に 18〜20% になります。清酒酵母独自の性質に加え，以上のような糖化と発酵を同時に進める並行複発酵法により，清酒のアルコール濃度は世界の他の醸造酒に類を見ないほど高くなります。通常 100 g の米から 17 g のアルコールができます。

5．上槽　発酵を終えたもろみを布製の袋に入れて新酒をしぼることで新酒と酒粕を分けます。この工程を上槽といいます。造り酒屋では，その年はじめての新酒が上槽されると杉の葉でつくった直径 40〜50 cm の杉玉を軒先に吊して新酒の完成を近隣に告げる風習があります。

上槽で最初に出てくる微炭酸の部分を荒走りといい，若く荒々しい独特の風味があります。中間部を中取りといい，この部分が製品のメインになります。中取りしたばかりの新酒には少しにごりがありますが，これをにごり酒といいます。にごり酒をタンク内で静置させてにごりをおり（滓）として沈殿除去するおり引きを行い，上澄み部分を目の細かいフィルターでこして透明にします。タンクに残ったお酒はおり酒といいます。味と香りの調節のため必要に応じて活性炭ろ過しますが，これによりやがて発生するにおいや色素のもとが除かれます。この工程を省いたお酒は無ろ過酒といい，できたてのずっしりとした味わいがあります。その後必要があれば品質を揃えるために調合します。造りたてのお酒には“新酒ばな”といわれる新酒特有のにおいがありますが，下記に述べる火入れや貯蔵，熟成といった工程で消えます。

6．火入れ，貯蔵，出荷　以上のようにしてできた新酒は通常半年から 1 年間貯蔵しますが，この間に老香といわれる焦げっぽいいやみなにおいがついたり，火落菌といわれる乳酸菌が増えてお酒が変質する火落ちを起こすおそれがあります。これを防ぐため，殺菌と酵素の無力化を目的として貯蔵前にお酒を低温で加熱殺菌（65 ℃で 15 分）しますが，この工程を火入れといいます。貯蔵後に最終的な成分の調整とろ過を行い，決められたアルコール濃度にするために割り水（加水）し，再び火入れをして瓶詰めし，出荷します。つまり2度火入れすることになります。製品となる清酒のアルコール濃度は通常15～16％ですが，最近はアルコール濃度が低くなってきており，15％を切るものも増えてきています。

7．出荷容器　出荷容器にはおもに色付きガラス瓶を使用します。お酒の容量は法的にmLの単位で表示することになっているので，酒瓶には「清酒○○○ mL」と表示されているはずです。ただご存知のとおり，私達が一般的に使う単位はmLではなく，伝統的な合（ごう）や升（しょう）といった旧単位ですね。それぞれの容量は1勺（しゃく）＝18 mL，1合＝180 mL，1升＝1800 mL（正確には1803.9 mL），1斗（と）＝10升，1石（こく）＝100升です。以前，小売りのサイズは一升瓶が普通でしたが，近年は購入量低下の影響で四合瓶が多くなってきました。伝統的な清酒の大型容器は樽ですが，これには1升入りの手桶型の角（つの）樽や，藁（わら）で包まれた菰（こも）樽，別名菰冠（こもかぶり）（1斗入り，2斗入り，4斗入りなど）があります。前者はおもに贈答用に，後者は鏡開きなどのセレモニーで使われます。

清酒の原料は何？

1．水　水はお酒の約8割を占めるため，その品質は重要です。透明で無味，無臭であるとともに水道水以上の基準が要求されます。水は大別するとカルシウムやマグネシウムなどが多い硬水と少ない軟水に分けられます。硬水はシャープな，軟水はまろやかな口当たりがしますが，いずれの水も醸造に使われます。鉄分はお酒を茶色に変色させると同時に味が落ちるので禁物ですし，マンガンもお酒を変色させるので嫌われます。

2．酒造米と精米　米は清酒の主原料で，その品質はやはり酒

山田錦，中央の白い部分が心白

造りにとって重要です。清酒造りに向いている酒造好適米はコシヒカリやササニシキのような食べておいしい米ではなく，お酒の雑味のもとになるタンパク質や脂肪の少ないものが好まれ，加えて中心に心白（しんぱく）とよばれる白い部分をもつことが重要です。心白は隙間がある組織で吸水しやすく，コウジカビがよく育ち，雑味のもとになる成分をあまり含みません。以上の理由により，酒造好適米には雑味のもとになる成分が少ないことに加え，粒が大きくて割れにくく，心白の重さが米粒重量の 3〜6 割と高いものが使われます。心白をもつ粒の割合が 7 割以上のものが優良品種といわれます。よく知られた酒造好適米に山田錦（やまだにしき）や雄町（おまち）などがありますが（表 5），一般に栽培が難しく高価です。醸造の世界では食べておいしい米を一般米といいますが，日本酒全体としては，実際には使用米の半分以上に一般米が使われているそうです。

表 5　代表的な酒造好適米

山田錦	酒米の頂点に立つ存在。大粒で高度精米に向く
五百万石	キレのあるきれいな酒に仕上がる
雄　町	江戸時代に発見された。心白が大きく，味が力強い
美山錦	繊細な香りをもつ軽い味に仕上がる

お酒の品質には精米の程度，すなわち精米歩合が大きく関係します。雑味の原因となるタンパク質や脂質は米粒の外側部分に多いため，精米歩合が低い，よく削った米粒ほど透き通った淡麗な味に仕上がります。ただ当然ですが，精米歩合が低いほどお酒は高価にな

ります。精米歩合は通常70%程度ですが，特別純米酒や吟醸酒は60%以下，大吟醸酒では50%以下になっています。ちなみに精米時に削りかすとして出る米粉は再利用されるのでご心配なく！　大吟醸酒は上質な酒米であれば，数字上は心白だけで造ったお酒ということになりますが，心白の重量比率と心白をもつ米粒の割合は平均値なので，精米後に外側部分が完璧にゼロになることはないかもしれません。このため高級な大吟醸酒の精米歩合は規定以上に相当低くなっています。有名ブランド『獺祭』の大吟醸酒“磨き二割三分”は精米歩合が23%ですし，他メーカーの中には精米歩合がわずか数%といった極端なものもあるそうです。これに反し，精米歩合を90%と高くしたり，あえて玄米を使ったりするものもあります。こうして造ると，糠に含まれる脂肪分やタンパク質由来アミノ酸やその他の成分の影響で，個性的で雑味のある独特の味わいのお酒ができます。

3．麹の役割　　清酒造りは“一酛，二麹，三造り”といわれるほど，麹は酒造りにとって重要です。原料や製造工程が同じでも，お酒の香りや味はコウジカビの種類と麹の出来具合によって変わり

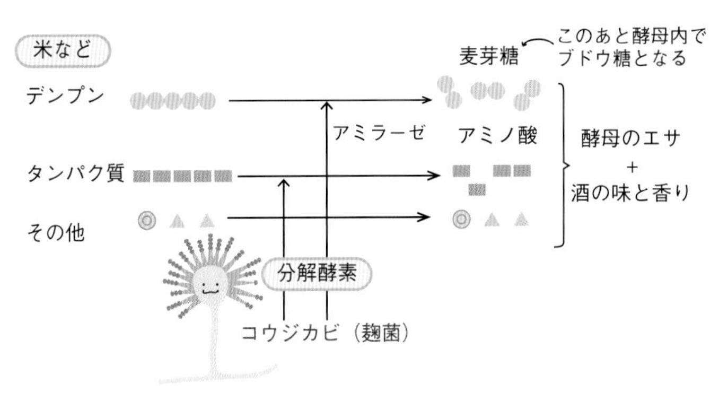

麹についたコウジカビの作用

ますが，清酒造りには黄コウジカビが使われます。麹をつくる製麹ではまず蒸米にコウジカビの胞子をまぶし，それを麹室といわれる約 30 ℃の温かい部屋でカビを成長させ，およそ 2 日間かけて米を米麹にします。米の水分量は麹の質に大きな影響を与えるため，米の乾燥には細心の注意が払われます。機械による製麹法もありますが，吟醸酒造りなどでは時間のかかる伝統的な蓋麹法がいまだに使われています。コウジカビは多数の酵素を分泌し，米のデンプンは糖に，タンパク質はアミノ酸やその他の物質に分解されます。これらの分解物は酵母の養分になるとともに，お酒の味を決めます。

いろいろある清酒の種類と名称

以前，お酒は特級，1 級，2 級などと等級分けされて課税されていましたが，今ではこの等級は他の酒類を含めてすべて撤廃されています。ただメーカーによっては，特撰，上撰，佳撰などといった，独自の等級をつけているところもあります。等級廃止に伴って各メーカーが清酒の品質や造りに関する名称を勝手につけて混乱が生じたため，平成 2 年，清酒は普通酒と 8 種類の特定名称酒に大別して表示されることになりました（表 6）。

1．普通酒　醸造用アルコール，糖類，アミノ酸，有機酸，焼酎，清酒といった，認められている副原料を制限基準以下で使用した清酒で，下記の特定名称酒に分類されないものを普通酒といいます。なお，精米歩合が 70% を超えたり，くず米（等外米）を使っていたり，アルコール添加（アル添）が全アルコール分のおよそ 3 分の 2 以上のものも普通酒になります。普通酒は特定名称酒に比べて安価だけれどもおいしくないというイメージがありますが，必ずしもそうではありません。昔は精米機の性能が悪かったので，皮肉なことに，意図しないで糠が多くついた米を使った特定名称酒よりも

表6　特定名称酒の基準[注1]

特定名称	使用原料[注2]	精米歩合	香味などの要件
吟醸酒	米，米麹，醸造用アルコール	60％以下	吟醸造り，固有の香味，色沢が良好
大吟醸酒	米，米麹，醸造用アルコール	50％以下	吟醸造り，固有の香味，色沢が特に良好
純米酒	米，米麹	規定なし	香味，色沢が良好
純米吟醸酒	米，米麹	60％以下	吟醸造り，固有の香味，色沢が良好
純米大吟醸酒	米，米麹	50％以下	吟醸造り，固有の香味，色沢が特に良好
特別純米酒	米，米麹	60％以下または特別な製造方法	香味，色沢が特に良好
本醸造酒	米，米麹，醸造用アルコール	70％以下	香味，色沢が良好
特別本醸造酒	米，米麹，醸造用アルコール	60％以下または特別な製造方法	香味，色沢が特に良好

注1　麹米の使用割合は15％以上。
注2　使用原料の醸造用アルコールの分量は原料米の重さの10％以下。

純粋なアルコールで割った普通酒のほうが淡麗でおいしいということもあったそうです。一般的にアルコール添加を行うと味がすっきりして香りが出やすくなるため，アルコール添加にはコストを抑えるという意味のほかに，清酒の味をさらに高めるために使用するというポジティブな意味合いもあるそうです。そうでなければ最高級の大吟醸酒にわざわざアル添する意味がありませんよね。醸造用アルコールには品質の問題はまったくなく，むろんそれが酒質低下や悪酔いの原因になることもありません。筆者も納得したのですが，全国新酒鑑評会で11年連続金賞を獲得し，インターナショナルワインチャレンジ・日本酒部門で最高賞“チャンピオン・サケ”に輝いた奥の松酒造の『あだたら吟醸』はアルコール添加吟醸酒なのです。

2．特定名称酒　清酒のうち原料や製法で一定の基準を満たしたものは特定名称酒の名称を使うことができます。特定名称酒とは表6の8種類で，アルコール添加している本醸造酒，特別本醸造酒，吟醸酒，大吟醸酒と，添加していない純米酒，特別純米酒，純米吟醸酒，純米大吟醸酒に分けられます。前述のように，アルコールを添加することにより，すっきりした軽い飲み口になります。もう一つのポイントは精米歩合で，70～50％以下まであります。精米歩合の高いお酒は糠成分が多いので雑味のあるずっしり濃醇な味になり，香りも強くなりますが，低いものは飲みやすいクセのないお酒に仕上がります。

筆者の若いときは，安価なうえ軽い口当たりで飲めるので，しばしば本醸造酒を飲んでいました。大手メーカーの商品などはすぐに買え，入門者の特定名称酒といえます。こだわりの愛飲家のお酒は純米酒派ですかね？　濃醇な味わいですが，ニュアンスはメーカーごと千差万別です。いっそうの濃醇さやコクを求めるなら生酛造りや山廃造りがおすすめです。燗にすれば旨さ倍増ですね。特別純米酒は洗練された純米酒で，筆者のおすすめは『出雲富士・佐香錦』です。佐香錦という粒がしっかりした酒米を使うため低温でじっくり醸す必要があり，香味に富むきれいな酒に仕上がっています。食事によく合いますね。

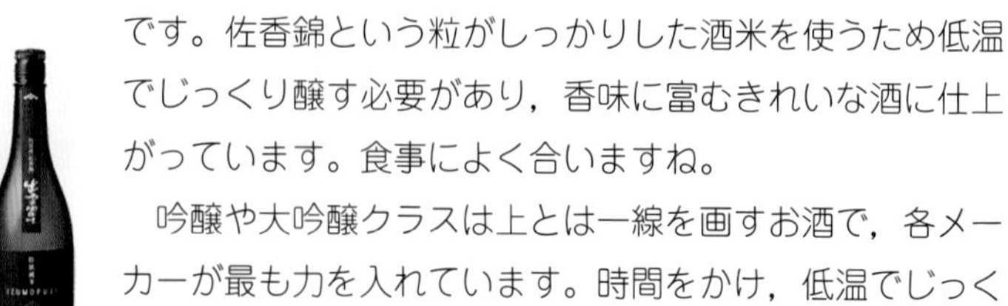

吟醸や大吟醸クラスは上とは一線を画すお酒で，各メーカーが最も力を入れています。時間をかけ，低温でじっくり醸すことにより余計な雑味が少なく，淡麗で吟醸香をも

つフルーティーな味になります。酵母の栄養になる糠成分の少ない精米歩合の低い米を使うことも発酵を緩やかにしています。白ワイン，たとえばブルゴーニュの『シャブリ』に似た香味があり，海外の清酒ファンにも人気の酒質です。高価ですが，特別な1本として良いですね。筆者がこれまで飲んだ大吟醸の中では，高木酒造の『十四代』が特に印象的でした。ちなみに“純米”がつくと，軽い飲み口が少し抑えられ，いろいろな個性をもつようになるという印象があります。

3．その他の表示　お酒の瓶にお酒の特徴や造り方を表した下記のような表示がある場合があります。以下，見ていきましょう。

原酒　上槽直後のアルコール濃度18～20％の新酒を加水調整しないものです。アルコール濃度を低めにして造ったものもここに含まれます。

生酒（なまざけ）　2度の火入れをまったく行わないお酒で，「なましゅ」，「きざけ」ともよばれます。低温貯蔵や特殊なろ過によって雑菌の増殖を防いでいます。酵母や酵素が生きているので，フレッシュな風味が味わえます。冷蔵保存が必須で，開封したらあまり保存できません。

生貯蔵酒　瓶詰め時だけ火入れを行うお酒です。生酒の風味を保ちつつ，香りを安定して楽しむことができます。ちなみに火入れ貯蔵したお酒を火入れせずに瓶詰めしたものは生（なま）詰酒といいます。

生一本（き）　すべての工程を単一醸造所で行った純米酒のことです（実は大手メーカーは小規模メーカーからお酒を買っているのです）。

樽酒　木製（杉材）の樽に貯蔵し，木の香りを含ませたお酒です。

これら五つは基準を満たせば使ってよいと国がお墨付きを与えた

表示です。それ以外の表示については，特に基準はありません。たとえば，上槽時に目の粗い布やメッシュでこすとにごった新酒になります。火入れしたものをにごり酒，しないものを活性清酒といいます。種々の方法で炭酸ガスを溶かし込んだ清酒は発泡（清）酒あるいはスパークリング清酒とよばれます。アルコール濃度が低めで，人気が出てきました。宝酒造の『澪』が有名ですね。また，冷（ひ）やおろしとは冬に仕込んだ清酒を秋口に生詰して出荷したもので、“秋あがり”ともいいます。秋になって飲めるおいしいお酒として人気がありますね。長期貯蔵酒や古酒は 2 年以上貯蔵したまろやかさと深みのある琥珀（こはく）色の清酒で，5 年以上貯蔵したものは秘蔵酒ともいいます。老香（ひねか）というシェリーなどがもつ独特の重い香りがあり，なかには 20 年以上経過したものもあります。やわくち酒はアルコール濃度を 12% 程度にした低アルコール清酒です。冷やして飲むお酒で，夏向き，お酒があまり強くない人向きです。無ろ過酒は炭によるろ過を行わない少し黄色味がかったお酒です。ずっしりとした味です。

清酒の定義には合わないけれど…

清酒は原料と製法が法律で定められた，アルコール分 22% 未満の，こされた米の醸造酒です。この基準に合わないものは法律では清酒とよびません。たとえば清酒と同じようにして造っても，アルコール濃度が 22% 以上であれば，瓶にはリキュール類と書いてあるはずです。以下で清酒の定義に当てはまらないけれども，清酒に関連したお酒について説明します。

どぶろく　　清酒のようにお酒を醸造し，最後にこさないでそのまま飲むお酒がどぶろくあるいは濁（だく）酒で，法律上は“その他の醸造酒”に分類されます。よく勘違いされますが，にごり酒やおり酒はこす工程を経た後での細かいフィルターでのろ過を省いた清酒で，どぶろくとは違います。もろみを食べるようにして飲むどぶろくには米と麹がもつ独特の甘みと香り，そしてはじけるような口当たりがあります。筆者も飲んだことがありますが，そのときの印象から「お酒は本来甘口なのでは？」と思うようになりました。どぶろく造りは稲作と同調してはじまり，江戸時代初期まではお酒といえばどぶろくでした。しかし，明治に入り酒税が制定されると自家生産が禁止され，現在では年間 6 kL 以上醸造できる少数の酒蔵が免許を得て製造しています。自家生産，自家消費の伝統をもつお酒であるため，自由に自家醸造させてほしいという要望が強く，2002 年の行政改革による地域振興策の一環として，特定の地区“どぶろく特区”に限ってどぶろくを造り，飲めるようになりました。販売も特区内の飲食店や民宿などで消費される場合に限り可能です。ただ世知辛い（せちがらい）ことに，土産品として特区外に出す場合は酒税法が適用されてしまいます。

灰持酒（あくもちざけ）　地域限定的なお酒で，熊本県の赤酒，鹿児島県の地酒（じしゅ），島根県の自伝酒などがあります。清酒のようにもろみをつくり，そこに木灰（はい）を加え，灰のアルカリ性を利用してお酒を殺菌します。灰を原料にしていることが清酒に分類されない理由です。このアルカリ性によってお酒の色が赤や黒になります。灰持酒は仕込み用の水が少ないため，糖分とアミノ酸の多い，みりんに似た濃厚な口当たりになりますが，江戸時代中期までのお酒はそのようなものだったそうです（22 ページ参照）。料理やお菓子の調味料としても使われます。

粉末酒　昭和 41 年，佐藤食品がはじめて粉末の清酒をつくりました。法律上の分類もそのままの“粉末酒”です。糖のつながったのりとして働くデキストリンという物質をお酒に溶かして噴霧（ふんむ）乾燥すると水分だけがデキストリン膜を素通りして蒸発します。その結果，アルコールを含むお酒の成分が内部に残る粉末ができ，水に溶かすと液体のお酒に戻るというわけです。当初は輸送を容易にするための技術だったそうで，他の酒類にも応用されています。

合成清酒　合成清酒はアルコールにいろいろなものを加えて清酒のような香りと味をもたせた混成酒の一種で，理化学研究所で大正時代の米高騰の解決策として米を使わない清酒に似た味の飲料『理研酒』をつくったのが発端でした。清酒に比べて安価で，飲料，料理用として使われます。米の重量がアルコール分 20% に換算した場合での製品重量の 5% を超えないように決められています。数種類の製法がありますが，そのうちの醸造物混合法はアルコールや焼酎に清酒もろみ，酒粕，その他の原料を混ぜて清酒に似た味にする方法です。発酵法は，砕いた米，ブドウ糖などの糖質に何種類かの成分を加えて発酵させ，さらにアルコールを添加する方法です。合成清酒は現在では品質も向上して，一定の需要があり，『元禄美人』（合同酒精），『三河鬼ころし』（相生ユニビオ）などの商品があります。

みりん

みりん（味醂）は税法上清酒とは別の“みりん”という名称で区分されるお酒ですが，麹による原料米の糖化という清酒と同じ製造工程があるため，ここで説明します。含まれるアルコールは原料として加えられる焼酎によるものです。焼酎はもろみの腐敗を防ぐ効果があります。連続式蒸留焼酎いわゆる甲類焼酎を使うのが一般的ですが，本格焼酎を使う場合もあり，前者を新式みりん，後者を旧式みりんといいます。

1．みりんはどうやってつくるの？　みりん製造の基本は麹の酵素を利用した米デンプンの糖化ですが，米はもち米を使います。これはもち米のほうが糖化しやすいうえにエキス分も多く，香りも良いためです。仕込みはもち米，麹，焼酎をタンクに入れ，約2カ月ほどもろみの状態を維持しながらデンプンを糖化させます。発酵は起こりませんが，麹によってもろみにたくさんの香り成分や旨味成分が蓄積し，濃厚な味わいになると同時にみりん独特の香りがつくられます。アルコール濃度は14％くらいです。

2．みりんの利用と効果　上のようにつくったみりんを“本みりん”といい，糖度約40％，エキス分約47％と非常に濃厚なため，そのままでは飲みにくく，もっぱら調味料として使われます。ブドウ糖や麦芽糖などさまざまな糖が多く含まれ，これが料理にやわらかな甘みと照(て)りを与えます。また，含まれるアミノ酸，有機酸，香味成分により，複雑で奥深い調味効果を出すこともできます。むろんアルコールが一般的にもつ，煮崩れしにくい，味が染み込みやすい，臭みを消す，という調理効果もあります。みりんを飲料として飲む場合もあります。その一つは正月に飲む屠蘇(とそ)で，清酒とともに屠蘇散を浸すベースになります。みりんを使って白酒(しろざけ)をつくる方法もあります。以前はみりんをアルコールや焼酎で等量に割った本直し（直し，柳陰(やなぎかげ)）というものもありました。

3．料理用アルコール調味料　酒類ではありませんが，ブドウ糖，水飴といった糖類にアミノ酸などの旨味成分と香料を加え，1％未満のアルコールを加えた甘味調味料をみりん風調味料といいます。一方，米や雑穀，果物，糖などに食塩を加え，酵母を加えて発酵させたものを発酵調味料（みりんタイプ調味料）といいます。アルコール濃度は8～20％ですが，飲用にさせないために，アル

蔵元の夢

ここで一人の蔵元さんを紹介しましょう。

紹介したいのは和歌山市の造り酒屋の蔵元，長谷川聡子（さとこ）さんです。聡子さんは紀州徳川家のお膝元で江戸時代から続く，旨口のお酒『羅生門』で知られる田端酒造の７代目蔵元です。蔵に息づく哲学「滴滴在芯（心を込めて醸し上げる）」のもと，万人に愛されるお酒を目指し，地元でこじんまりすることなく，国際コンクール（モンド・セレクション）への出品などという広報活動や，アジア，ヨーロッパへの販売戦略などを積極的に展開しています。蔵の自慢は酒米の山田錦を醸した，上品で芳醇な飲み口の看板商品『羅生門純米大吟醸』です。このお酒，すごいですよ！　「何が？」というと，30 年前のモンド・セレクション（リキュール部門）で日本初の最高金賞を受賞し，その後，今まで途切れることなく連続して最高金賞受賞という世界初の快挙を成し遂げているのです。いや〜，なかなかです！　30 年の間には，モンド・セレクションの特別金賞や国際最優秀賞も日本で唯一受賞しており，田端酒造，実は実力派の蔵なんです。

造り酒屋は聡子さんのお母さんの実家なのですが，聡子さん自身は酒蔵を継ぐ気などまったく考えていなかったそうです。ところが，おじいさんである先代（６代目）蔵元の後を誰かが継がなくてはならなくなる状況が生じたため，大学を卒業してすぐ蔵に入ることを決め，修行期間を経て７代目に就いたそうです。かつては女人禁制だった男社会の酒蔵に飛び込み，初めは苦労もあったようです。聡子さん，実は科学的な視点が持ち味のリケジョで，理工学部化学科出身なのですが，それを生かした活動も行っています。杜氏の許しを得たうえで和歌山の酵母と米，そして紀ノ川の伏流水を使い，伝統の中にも創意と工夫を織り込んだ自身の作品『さとこのお酒 純米吟醸』をつくりました。このお酒のキャッチコピー，「仄かな酸味のすっきりした飲みやすい味」だそうです。和歌山は伝統的に甘口のお酒が多いそうですが，水も軟水を使っており，『さとこのお酒』は正真正銘の女酒なのでしょう。酒造りではまだ修行中の聡子さんですが早く杜氏の資格を取ること，そして“地元を大事にしつつも多くの人に愛される酒・酒蔵”をつくることを目標に，日々精進しているそうです。小さな酒蔵さんですが経営の先頭に立つ蔵元であり，お酒を造る技術者であり，そして母親でもありながら東京の住まいと和歌山の酒蔵を行き来している聡子さん，さらに愛される酒蔵とお酒を目指して頑張ってください。

コール濃度に応じた量（通常 1.5〜3％）の食塩を添加します。飲み物ではないので，酒税法上のお酒ではありません。ちなみに料理酒も“料理用の清酒”ではありません。清酒と同じように造られていますが，上と同様に飲用にさせないために 3％の食塩が含まれています。

清酒の味

清酒の味わいはいろいろです。清酒の味を判断するのによく使われる基準に日本酒度と酸度があります。日本酒度は甘さの目安で，浮き計（うきばかり）あるいは比重計で測ります。水の比重を 1 とした場合，糖が入ると水より重くなり，アルコールが入ると軽くなるので，お酒の比重でどちらが多いかがわかるのです。日本酒度は，

$$\left(\frac{1}{比重} - 1\right) \times 1443$$

という式で計算できます。相対的に糖が少なくアルコールが多くなって比重が小さくなると $\frac{1}{比重}$ が大きくなるので日本酒度はプラスになります。逆に糖が多くアルコールが少ないと $\frac{1}{比重}$ が小さくなるので日本酒度はマイナスになります。つまり，日本酒度マイナスのお酒は甘口，プラスのお酒は辛口ということです（表 7）。

表 7　日本酒度と甘さと辛さ

大辛口	辛口	やや辛口	普通	やや甘口	甘口	大甘口
＋6.0 以上	＋3.5 〜 ＋5.9	＋1.5 〜 ＋3.4	−1.4 〜 ＋1.4	−1.5 〜 −3.4	−3.5 〜 −5.9	−6.0 以下

味に影響を与えるもう一つの要素は酸度，つまり“すっぱさ”です。お酒には 0.05〜0.15％の酸が含まれます。おもな酸はヨーグ

ルトの酸味である乳酸，旨味をもつコハク酸，爽快感のあるリンゴ酸です。甘さと辛さは酸度にも影響されるため，日本酒度が同じでも酸度が高いと甘さが中和されて辛く濃く感じ，低いと淡麗で甘く感じます。清酒にはアミノ酸が多く含まれますが，これが酸やプリン体などと協調して清酒に旨味を与えます。お酒の味わいはアルコール濃度，糖やアミノ酸などのエキス分，揮発性香気成分などにより総合的に決まるのです。清酒の味わいのタイプを日本酒造組合中央会ホームページ中の図を参考に分類しました。

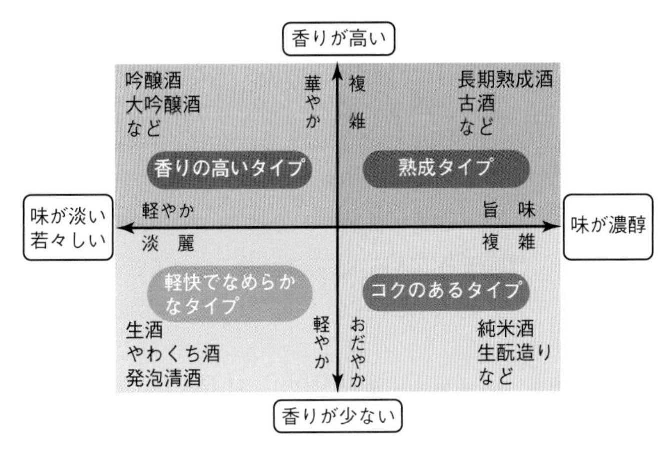

清酒の味わいのタイプ
（日本酒造組合中央会ホームページより改変）

清酒の味と香りはいろいろな成分が複雑に入りまじってできており，感じ方も人それぞれなので，判断は自身の舌と鼻で行うのが一番です。お酒を飲んで評価することを利き酒といい，清酒の場合は白い猪口の中底に紺色の蛇の目模様が書かれた器，上のような利き猪口を使います。お酒を注いだら色と透明度を確かめ次に香りを

嗅ぎます。清酒には米，麹，酵母からくる基本的な香りがありますが，それに加えて生酒には爽やかな香り，吟醸酒は果物の香りと芳醇な香りが重なった吟醸香（ぎんじょうか）があります。吟醸香の主成分はリンゴのような香りのカプロン酸エチルと軽やかなバナナのような香りの酢酸イソアミルという物質です。香りを嗅いだ次は口に含んで塩味，酸味，苦味，旨味といった味を感じとります。アルコール分やエキス分の多いお酒は濃く（濃醇（のうじゅん）に），少ないお酒は薄く（淡麗（たんれい）に）感じます。濃さには甘みと酸味が関係しますが，利き酒ではまず濃さを味わい，次にごく味（バランスのとれた濃い味）を味わいます。ごく味バランスの崩れたお酒は「雑味がある，くどい，重い」などと表現されます。最後に後味とのどごしを味わいます。このようにお酒を味わうにはまず酒器から鼻に入るはなといわれる香りを感じ，次に口に含んで味を舌全体で味わい，つづいて口から鼻に抜けるふくみ香（口中香）を感じ，最後にのどごしを感じるという手順で行います。これは清酒に限らず，お酒全般にいえることでしょう。筆者の印象ですが，お酒は食品以上に香りから受ける印象が大きいように思います。

現在，清酒の評価は飲みやすさに重きが置かれているため，結果として清酒全体が淡麗で旨く飲み飽きない，いわゆる“淡麗旨口”の方向に向かっています。飲んだときに「ガツ～ン！」，「ドキッ！」とくるような，もっと個性的なお酒があったり，ワインのように蔵ごと，瓶ごとに味が違うといった多様性がもっとあってほしいと思うのは筆者だけでしょうか。

清酒の味わい方

お酒を飲むときはまず酒瓶からお銚子（ちょうし），徳利（とっくり）や片口に移し，そこから杯（さかずき），お猪口（ちょこ），ぐい飲みなどに注ぎます。材質は陶器が一般的

清酒の縛りにとらわれないお酒を！

特定名称酒を中心に年々おいしくなっている清酒ですが，清酒の未来は決して楽観できるものではありません。若者がまず手にするのはオシャレなチュウハイですね。清酒といっても普通酒であれば十分財布に優しく飲めるはずですが，その普通酒が若者の心に響いていないのは残念です。実は最近あるお酒をいただきました。東京の三軒茶屋で醸造所を展開するWAKAZE社の製品で，筆者がいただいたものは仕込み時に柚子，ショウガ，山椒を加えて醸したボタニカルな香りのする，甘口でありながら爽快感のある１本でした。原料名からもわかるように，このお酒，税法上の分類が清酒ではなく“その他の醸造酒”なのです。ジビエなどの料理に合うというふれ込みですが，デザートワイン的味わいなので，濃厚なチーズと合わせるのも良いと思いました。そうこうしているとき，テレビでWAKAZEの社長が「お酒を世界に広げたい。ヨーロッパでは日本酒がブームになっていて，醸造所もたくさんあり品評会も開かれている。品評会で評価されるもののなかにはバニラ香を含ませた酒，ハーブを漬け込んだ酒，ワイン酵母を使って酸味を前面に出した酒など，伝統的清酒の味わいの枠にとらわれないものも多い。世界の清酒はどんどん進化しており，新しいものを造らなくてはこの世界で生き残れない。だから既存の製法にとらわれない今の嗜好に合うお酒を造るのです」と言っているのを聞きました。海外では清酒を，日本人が伝統的にもっている清酒の概念で縛る必要はなく，ただおいしい“SAKE”であれば受入れられるはずです。伝統的な清酒文化を残しつつ，自由な酒造りをすすめるような法改正も必要ではないでしょうか？

ですが，冷やの場合はガラスも使われますね。酒瓶から木製の升（ます）に注ぎ，じかに飲む場合もあります。

清酒の飲み方にはお酒の温度によって冷（ひ）や（冷やして），常温（室温のまま），燗（かん）（温める）に大別されますが，変わったところではロックや炭酸割りという飲み方もあります。飲むときのお酒の温度とその呼び方を下図にまとめました。

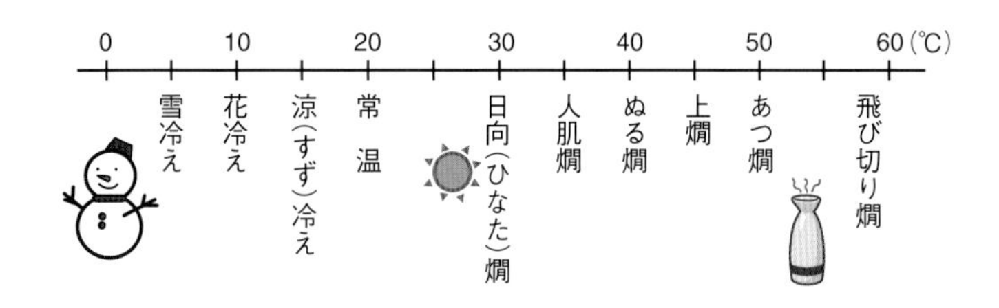

お酒を温める飲み方は世界でもあまり例がなく，清酒独特のものです。燗は透明なお酒が飲めるようになった江戸時代中期からはじまった習慣で，当時の飲み方はほとんどが燗だったそうです。

お酒の味わいは温度で変わります。清酒は燗にしておいしくなる場合がありますが，これを燗あがりといいます。甘みは体温付近で強く感じられ，塩味や苦味は低温で強く感じられるため，常温で酸味や苦味があるお酒も燗にすると甘みが強く感じられるようになります。ただ高温にしすぎると味が薄れるとともにアルコール臭が強くなり，味と香味のバランスが悪くなります。燗に合うのは力強くどっしりと旨味のあるお酒で，種類でいえば純米酒，なかでも芳醇なタイプの生酛や山廃酛がおすすめです。冷やはどのタイプのお酒でもいけますが，フルーティーな香りと淡麗さが持ち味の吟醸，大吟醸や生酒などはもっぱら冷やで飲まれます。ちなみに筆者は若いときは刺激の強い熱燗が好みだったのですが，現在は香味が立って旨味も感じられ，アルコール刺激が少なくてお酒としてのバランス

ちょっと詳しく

清酒の名産地：灘，伏見，西条

日本三大酒処（どころ）といわれる場所は，灘（なだ）（兵庫県），伏見（ふしみ）（京都府），西条（さいじょう）（広島県）です。灘は有名な酒造好適米“山田錦”の発祥地で，名水百選にも選ばれた六甲の宮水をもち，辛口の“灘の男酒”として知られる清酒の名産地になっています。江戸時代に江戸に送られた良質の酒“下り酒”で有名になりました。京都から離れることを下るというのでこうよばれました。ちなみに良くないという意味の「くだらない」はここからきています。伏見は弥生時代から続く古い酒造りの地で，伏見区だけで20を超える酒蔵があります。桃山丘陵から流れ出る軟水は伏水ともいわれる質の高い伏流水で，やはり名水百選です。甘口のお酒が仕上がる土地柄で“伏見の女酒”とよばれます。西条は吟醸酒生みの親である三浦仙三郎の出生地で，彼の軟水醸造法の発明と指導，さらには精米機の改良によって全国に名を知られるようになりました。

がよく，その上で料理に合う常温～人肌燗が好みです。飲む温度が高すぎず，低すぎず，のどに心地良い刺激を感じられることがこの温度が好きな理由です。皆さんはどうですか？

世界のSAKEへの課題

清酒の国内消費が伸び悩むなか，野心的なメーカーは海外への売込みに力を入れています。2018年の輸出額は約222億円と10年前の3倍になっています。特に今ヨーロッパは日本酒ブームで伸びが期待されていますが，一つ，税金という問題があります。輸出の関税はEPAでなくなったのですが，問題は酒税のほうです。アルコール濃度が16％の通常の清酒の酒税は188.41€/100Lと相当に高いのです。しかしアルコール添加を行わず，濃度が15％以下のものであれば酒税は3.77€/100Lと一気に安くなります。清酒メーカーは価格面でワインと太刀打ちしなくてはならないので，本来の清酒に比べて若干アルコール分の低い清酒をつくり，それを売込もうとしています。欧米にはワイン文化が根付いており，そこで勝負するのであればその文化の中に飛び込まなくてはならず，アルコール濃度15％以下でもおいしい清酒をつくる努力が求められそうです。将来ヨーロッパの人が日本に来て清酒を飲んだとき，「きついッ！」と感じる日がくるかもしれません。ちなみに前出のWAKAZE，フランスでフランス米を使った日本酒に挑戦するそうですよ。

WAKAZEのフランスの醸造所。米もフランス産

焼酎
日本が誇る蒸留酒

メジャーになった焼酎

次に日本を代表する蒸留酒である焼酎について説明しましょう。焼酎は1970年後半以降，何度かのブームを経て，2003年にはついに清酒類の販売量を抜き，2018年には清酒類の1.5倍の販売量となり，今や日本を代表するお酒にまで成長しました。1970年あたりまで，筆者やその前の世代にとって，焼酎といえば「場末（ばすえ）の酒場でおじさん達が飲む安酒」というイメージだったのですが，今や焼酎は酒店の最前列に並べられ，1本数万円もする商品が普通に売られているほどです。イヤ～隔世の感がありますね。この変化の理由については本章の最後で触れることにしましょう。

焼酎は穀類，サツマイモなどを糖化，発酵させてできたもろみを蒸留して造ったお酒です。蒸留技術は14世紀にタイから沖縄に導入され，16世紀に鹿児島を経て九州各地に伝わりました。はじめは雑穀を使っていましたが，その後サツマイモ，麦，米を使った焼酎が造られるようになり，生産地も全国に広がりました。明治になると，従来の黄コウジカビに代わって，殺菌力が強く，醸造に有利なクエン酸を多くつくる黒コウジカビやその変種である白コウジカビが使われるようになり，品質が格段に向上しました。

焼酎の二大分類と本格焼酎

図に示したように焼酎は税法上，蒸留方式を基準に二つに分けられます。

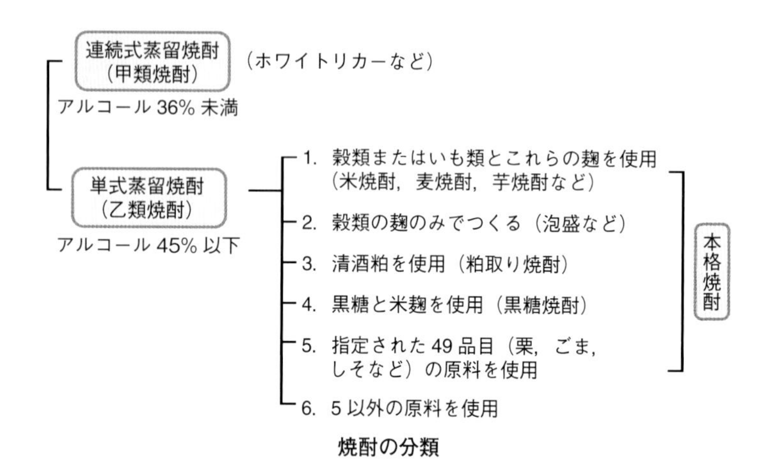

焼酎の分類

一つはアルコール分 36% 未満の連続式蒸留焼酎で，シンプルな味であっさりした飲み口です。価格は比較的安く，梅酒などのリキュール造りに使われるホワイトリカーもここに入ります。もう一つはアルコール分 45% 以下の単式蒸留焼酎で，常圧あるいは減圧で蒸留されます。原料の香りが生きた，複雑でコクのある味わいがあります。2006 年以前の酒税法では上記 2 種類の焼酎はそれぞれ焼酎甲類（こうるい），焼酎乙類（おつるい）とよばれていました。販売店などでは今もこの旧名称が使われています。このため本書ではこれら 2 種類の焼酎を今もなれ親しまれている甲類焼酎，乙類焼酎の名前も混ぜて使うことにします。製品の中には 2 種類の焼酎を混合した混和焼酎もあります（後述）。なお焼酎として製造されたものであっても，規定以上のアルコール濃度であったり，後で糖類などを加えたものは，税法上は焼酎以外の名前になります。

単式蒸留焼酎，すなわち乙類焼酎は図に記したように原材料によって5種類に分けられますが，図中の1〜4，および5のうち定められた49種類の材料を使ったものに限り本格焼酎ということができます。人気のある焼酎の多くは本格焼酎です。乙類焼酎の原料には製麹用と主原料用の2種類があります。麹にはおもに米か麦が使われるのに対し，主原料には米，麦，サツマイモ，ソバ，黒糖，酒粕，および指定された原料が使われます。麦100％焼酎といったら，麹と主原料の双方が麦であることを表します。

 本格焼酎の造り方

下図に一般的な本格焼酎の造り方を示しました。本格焼酎の醸造工程は清酒に似ていますが，最大の違いは，焼酎では清酒で行う酒母をもろみづくりのように液体状に仕込むことです。このもろみを一次もろみといい，その後主原料を入れて仕込むもろみを二次もろみといいます。

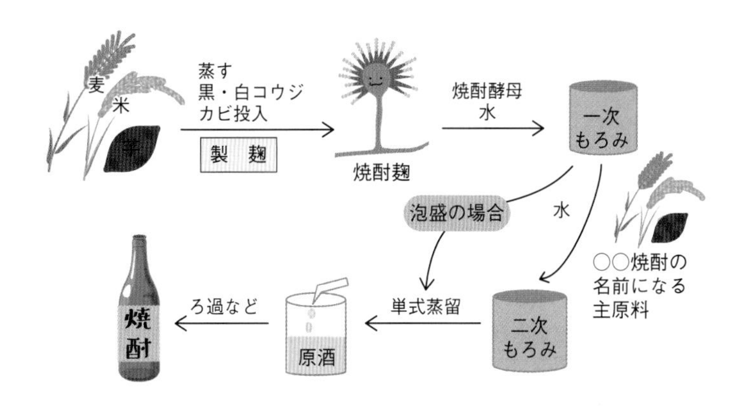

1．麹　　まず主原料に含まれるデンプンを分解するための焼酎麹をつくります。清酒造りでは酛（もと）造りの段階で乳酸菌に乳酸をつく

らせるか，乳酸をじかに加えました。他方，焼酎造りでは液体のもろみをつくるため，焼酎麹には泡盛と黒糖焼酎で使われる黒コウジカビか，それが突然変異した白コウジカビを使います。現在，大部分の本格焼酎には白コウジカビが使われています。麹の原料は米か麦ですが，芋焼酎ではサツマイモを使うこともあります。コウジカビ生育の初期は温度を雑菌の増えにくい 40～42 ℃と高めにし，その後下げてクエン酸生産を促します。

2．もろみを仕込む　一次もろみは麹に水と酵母を加えて仕込み，発酵させて酵母を増やします。発酵方式は清酒と同じ並行複発酵で，生じたアルコールとクエン酸の効果で雑菌が抑えられ，約 1 週間でアルコール濃度約 14% のもろみができます。泡盛は一次仕込みだけの発酵なので発酵期間を 2～3 週間とし，アルコール濃度を約 18% にします。つづいて一次もろみに主原料と水を加えて二次仕込みをしますが，清酒と違い，麹は加えません。仕込みを土に埋めた“かめ”で行う場合もあります。10～15 日間発酵させて二次もろみをつくると，アルコール濃度は 13～18% になります。

3．蒸留　次に単式蒸留器を使い，高温蒸気で加熱し，常圧で二次もろみを蒸留します。蒸留によりアルコール分は 30～40%，場合によっては 50% 以上になります。100 ℃近い高温で沸騰させるため，蒸留液中にはアルコール以外にも高温で蒸発する多くの物質が入り，お酒は複雑で強い風味をもちます。気圧を下げ，比較的低い温度で蒸留する減圧蒸留の場合は釜の外をスチームで加熱します。高温で蒸発する成分がもろみに残るので，味の深みはやや乏しいものの，高温で生じる焦げくさいにおいも少なく，マイルドできれいに，つまり淡麗に仕上がります。本格焼酎がもつ個性的な味わいの苦手な人にも合う味になります。

4．貯蔵，熟成　蒸留して，お酒をろ過後，タンクで貯蔵し，熟成します。刺激的で飲みにくい新酒も熟成によってきめ細かく飲みやすくなります。貯蔵前にイオン交換という方法でイオン性成分や，焦げくささの成分であるフルフラールなどを除くと風味が変わり，軽快で淡麗な味になります。長期熟成焼酎を除き，多くは1年以内に加水，瓶詰めして出荷されます。

本格焼酎の種類と特徴

本格焼酎はいろいろな原料から造られ，原料特有の風味と味わいもまちまちで，それが本格焼酎の楽しみにもなっています。以下でおもな焼酎について，その特徴などを簡単に説明しましょう。

米焼酎　米を主原料にした焼酎で，熊本県の球磨（くま）焼酎が有名です。白麹を使いますが，常圧蒸留では濃醇で丸い味になり，減圧蒸留では香り高く軽快な味になります。

麦焼酎　長崎県の壱岐（いき）のように麹に米を使う場合と，一般的に行われるように大麦を使う場合があります。ガツンとした麦の香りのする，どっしりとした焼酎ができる常圧蒸留法に対し，最近は減圧蒸留法とイオン交換精製法を組合わせてつくった軽快で飲みやすいものが増えています。

芋焼酎　おもにサツマイモ生産の多い鹿児島県で造られますが，最近は宮崎県も伸びていて，両県でトップを争っています。芋焼酎はサツマイモ特有の甘み，蒸したときに生じる芳醇な香り，原料中の物質が麹の酵素で変化して生じる柑橘（かんきつ）系，マスカット系芳香の成分を含むことが特徴ですが，使うサツマイモの種類によって味と香りが微妙に変わります。ちなみに，香り成分のもとはイモのメインに食べる部分ではなく，皮やシッポの部分に多いそうです。芋麹を使った芋100%焼酎や，主原料に焼き芋を使った焼き芋焼酎というものもあります。

そば焼酎　宮崎県高千穂地方がおもな生産地で，ソバの実を主原料にします。軽快な味とそばの香りをもつ焼酎です。

黒糖焼酎　鹿児島県奄美諸島の特産で，黒糖特有の甘い香りをもつ焼酎です。製麹にはおもにタイ米と黒麹が使われ，主原料はサトウキビのしぼり汁を濃縮した黒糖です。米麹で一次もろみを仕込み，そこに溶かした黒糖液を加えて二次もろみにします。黒糖は糖の混合物なので麹がなくとも発酵は進むのですが，麹を使うことにより酵母の栄養分が豊富につくられ，発酵が健全に進むとともに製品の香味が豊かになります。考えると「なるほど！」なのですが，黒糖焼酎を麹を使わないで造ると，できるお酒は実質的にも税法上もラム酒（140 ページ）になってしまうそうです。黒糖は奄美群島の重要な産品なのですが，奄美群島では昔は米，粟，ソテツの実などで焼酎を造っていました。しかし第二次世界大戦中や戦後に黒糖の輸送手段が途絶えたため，やむなく焼酎の原料を黒糖に切替えたそうです。奄美群島は戦後しばらくアメリカに統治され，1953年返還されました。本土復帰当時には酒税法の縛りがあって黒糖焼酎は焼酎と認定されなかったのですが，のちに焼酎造りの努力と実績が認められて焼酎の地位を与えられたという歴史があります。

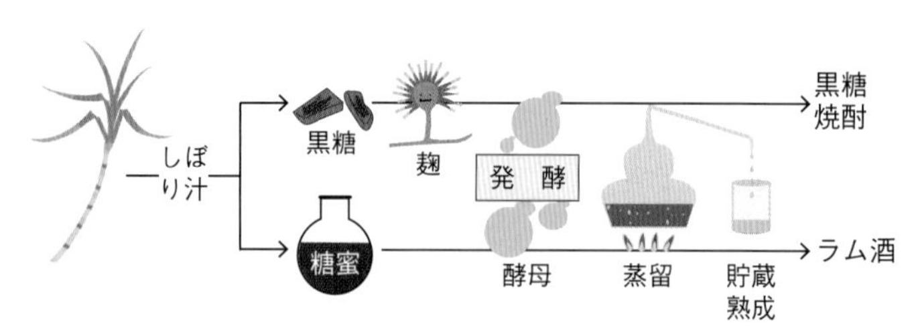

ラム酒と黒糖焼酎の造り方は似ている

粕取り焼酎　酒粕焼酎ともいい，福岡が伝統的産地で，清酒粕を蒸留して造ります。伝統的製法で造ったものは強烈な風味をもちますが，水を加えて再発酵させたものを減圧蒸留したものは香気に富んだソフトな味わいになります。

泡盛（あわもり）　沖縄県のみで造られる米焼酎で，タイ米に黒麹と泡盛酵

カストリ ≠ 粕取り：粗悪密造酒の闇

筆者が子供の頃，父から「誰々はカストリを飲んで目が見えなくなった」的な怖い話を聞き，カストリという響きが頭から離れなかったという記憶があります。

食料不足だった終戦直後，闇市には粗悪な密造酒が出回っていましたが，その最たるものが工業用アルコールを水で薄めただけのものでした。実は工業用アルコールは飲用に転用されないよう，俗にメチルといわれるメチルアルコールが混ぜられていたのです。メチルアルコールは猛毒です。そのため，この密造酒を飲むと中毒を起こし，失明する人や亡くなる人も出てしまい「バクダン」とよばれるようになりました。

密造酒の業者は蒸留してメチルアルコールを除こうとしていましたが，実はメチルアルコールとエチルアルコールは同じような温度で蒸発するため，蒸留で両者を完全に分けることはできません。密造業者は蒸留でメチルアルコールを除いたつもりだったのでしょうが，実は除けていなかったのです。このような粗悪アルコール飲料が，語源は定かではありませんが，いつの頃からかカストリとよばれるようになりました。伝統的な粕取り焼酎の“粕取り”はカストリとは何の関係もありません。本当に迷惑な話です。そういえば最近，インドやロシアで密造酒を飲んで大量の死者が出たというニュースを聞きました。ともかく，怪しげなお酒には近づかないことですね！

母を加えて一次もろみを仕込み，長めに発酵させます。二次もろみはつくらず，一次もろみをじかに蒸留します。このため，味は他の焼酎と一線を画し，濃厚な香味をもちます。アルコール濃度45％以下の原酒をかめで3年熟成したものは古酒(クース)といい，黒麹の作用で生じるバニラ香のような甘い特有の風味があるため珍重されます。

その他の原料を使った本格焼酎　使用される原料（栗，ごま，ゆずなど）のデンプン含有量が低いため，麦などの穀類をかなりの割合（50〜90％以上）加え，一緒に発酵させて焼酎を造ります。でも以前からスッキリしていないことがあります。その他の原料が半分以上あれば“焼酎”でも良いのですが，単に風味づけのため少ししか使わないのであれば“○○焼酎”といって良いのでしょうか？　後で出てくる「スピリッツに入るのでは？」と思います。酒類分類に適当なものがないので，とりあえず“焼酎”とされているような気がします。

地理的表示

規定に則ってコニャック地方で造られたブランデーやシャンパーニュ地方で造られたスパークリングワインのみが，それぞれコニャックやシャンパンと名乗れること，ご存知ですか？　このように，確立されたお酒の社会的評価が産地と密接なつながりがある場合，その産地名を独占的に名乗ることができる制度があり，地理的表示とよばれます。地理的表示名は一種のブランドであり，一定基準の品質を満たしているという信頼感を生み出しています。日本では本格焼酎に関して，壱岐(いき)，球磨(くま)，琉球(りゅうきゅう)，薩摩(さつま)という四つの地理的表示があります（表8)。“壱岐”は米麹と長崎県壱岐市の地下水を使い，壱岐市で単式蒸留，容器詰めされた麦焼酎のみが表示を許されています。熊本県球磨郡周辺は国際的に知られた米焼酎の産地ですが，米麹と球磨川の伏流水である地下水を使い，熊本県球磨郡または人吉市で単式蒸留，容器詰めされた米焼酎に限り“球磨”の表示が許されています。“琉球”は黒コウジカビを使った米麹を原料とし，沖縄県内で単式蒸留，容器詰めされた泡盛に限って表示することができますが，多くは琉球泡盛と表示されます。“薩摩”は米麹または鹿児島県産サツマイモを用いた麹および鹿児島県産サツマイモを原料とし，鹿児島県内（奄美市と大島郡は除く）で単式蒸留，容器詰めされた芋焼酎に限って表示することができます。地理的表示には焼酎のほかにも，清酒で“日本酒”，“白山”（石川県），“山形”，“灘五郷”（神戸市灘区など）の四つ，ワインで“山梨”，“北海道”の二つがあります。

表8　日本の酒類における地理的表示

酒　類	名　称	産地の範囲
焼　酎	壱　岐	長崎県壱岐市
	球　磨	熊本県球磨郡および人吉市
	琉　球	沖縄県
	薩　摩	鹿児島県（奄美市および大島郡を除く）
清　酒	白　山	石川県白山市
	日本酒	日　本
	山　形	山形県
	灘五郷	兵庫県神戸市灘区，東灘区，芦屋市，西宮市
ワイン	山　梨	山梨県
	北海道	北海道

甲類焼酎

宝焼酎『純』（宝酒造），『大五郎』（アサヒビール），梅酒造りなどで使うホワイトリカーなどは連続式蒸留法で造られたいわゆる甲

類焼酎で，アルコール濃度は 36% 未満です。甲類焼酎の原料は糖質やデンプンの場合もありますが，多くはサトウキビのしぼり汁から砂糖をつくる際にできる副産物の糖蜜です。できたアルコール液の単純な風味を補うため，前もって原料に穀物を加える場合もあります。はじめに一部の糖蜜を薄め，そこに酵母を加えて十分に生育させ，次に残りの糖蜜を希釈して加え，発酵させてもろみをつくります。数本連結した連続式蒸留装置でもろみを蒸留すると，最終的に 96% のほぼ純粋なアルコール液が得られます。この液を水で薄めて製品にしますが，アルコール濃度 36～45% 以下の場合はスピリッツ，45% を超えるものは原料アルコールとよばれます。できた焼酎はむろんそのままでも飲めますが，クセのないニュートラルな味なので，種々のお酒の原料やカクテルのベースとしても使われます。そのまま飲むのは物足りないという理由から穀物原料から造った甲類焼酎とブレンドしたり，本格焼酎とブレンドしたり（混和焼酎），木の樽に貯蔵して味に深みをもたせたものとブレンドしたもの，たとえば宝焼酎『レジェンド』などもあります。

 混和焼酎

本格焼酎などの乙類焼酎は主張のある味わいや強い香味が特徴ですが，それが苦手な人にとっては「クセがある」と，嫌われる理由になっています。他方，甲類焼酎は味や香りが弱いという印象があるものの，淡麗で他のお酒と合わせやすいという利点があります。この両者の長所を合わせて，両方の焼酎を混ぜて造った混和焼酎があります。本

格焼酎の強すぎる味わいや香味を甲類焼酎で和らげることで，誰でも飲みやすい味にしています。アサヒの『かのか』などですね。

 焼酎の飲み方の定番，お湯割りの極意 !?

焼酎はストレート，ロック，水割り，お茶割り，お湯割りなどで飲まれます。味わいが爽やかだという理由から，最近では炭酸水割りも増えていますし，ウーロン茶割りや麦茶割りもよく見かけます。しかし本格焼酎の濃醇な味と香味を楽しむのであれば，筆者の私見ですが，やはりなんといってもお湯割りでしょう！　専用容器である千代香（ちょか）に 60% 前後に薄めた焼酎を入れて温めるのが“正しい方法”といわれます。ただこの方法，意外に面倒なため，一般的には焼酎とお湯を器に直接入れてつくります。アルコール 25% の焼酎の場合，焼酎 6：お湯 4 の“ろくよん”，あるいは等量に割るとおいしく飲むことができます。注ぐお湯を 70～75 ℃にして，飲むときに 40～45 ℃になるのがちょうど良いと言われています。お湯が熱すぎると焼酎の風味と香りが飛び，アルコール刺激が強調されすぎてしまうからです。たくさんつくると途中で冷めてしまうので，容器は小さめのほうが良いようです。

焼酎飲みの間では，「お湯割りでは焼酎とお湯のどちらが先か？」がしばしば議論になります。焼酎の通（つう）によると“お湯が先”が良いそうです。「熱すぎるお湯が適当に冷め，かつ容器が温まる」や「逆だと尖った風味になり，まろやかさに欠ける」が理由になっています。また「お湯が下にあるほうが焼酎が対流して自然に混ざる」という理由もあるそうです。ちなみに西日本などはお湯最初派が多いけれど，東日本や北日本では焼酎最初派がメジャーだという統計があるそうです。そういう筆者（秋田県出身）も，焼酎最初のほうが量を正確に取りやすいし，お湯を勢いよく注いで混ぜればいいと考えるズボラな人間なので，恥ずかしながら焼酎最初派です。皆さんはどうですか？

焼酎が愛される理由

昭和 60 年頃には，焼酎の消費量は清酒の半分しかありませんでしたが，今や清酒の 1.5 倍もの消費量となり，メジャーなお酒になりました。そもそも焼酎がおいしくなければこうならないはずで，これは材料，醸造法，蒸留法の改良といった酒造家の努力が実を結んだ結果なのでしょう。しかしおいしさだけでみれば，他のお酒も決して負けてはいません。焼酎人気の理由にはおいしさに加え，ロ

ちょっと詳しく

庶民の味方：ホッピー

ホッピーはホッピービバレッジ社が終戦後に開発した麦芽とホップで造ったビール風味の低アルコール（約 0.8%）清涼飲料水で，爽快な味わいの甲類焼酎を氷は入れずに，冷やしたホッピーで割って飲みます。割ったものもホッピーといいますが，この場合，俗に焼酎を「なか」，ホッピーを「そと」とよびます。飲食店では足りなくなったほうだけを個別に注文でき，合理的で財布に優しい庶民のお酒（というか飲み方）ということができます。他のお酒に比べると高価だったビールの代用品としての役割だけではなく，酔い覚めが良いということもあって，これまで戦後のある時期と団塊の世代が中心になった時期の，二度のブームがありました。2000 年以降，ホッピーはビールに比べて健康面で利点が多いという認識が広がり，現在またブームになっています。

当たりの良さ，自分好みの濃さで飲める，多様な味と飲み方がある，そして心地よい酔い覚め感が得られるという利点があるからでしょう。低糖質でプリン体ゼロという事実や，焼酎は健康増進に役立つという研究もあり（216ページ），健康に気をつかう辛党の心をつかんでいるということも見逃してはいけませんね。

ワイン 世界中で愛されるブドウのお酒

 ワインってどんなお酒？

ブドウの実がくぼみの水たまりに落ち，実についていた酵母によってアルコールができた。先史時代の人類がそれをお酒として飲みはじめたことは容易に想像がつきます。ワインは飲み水の乏しい地域で“保存のきく水”としての役割をもち，それが肉食にも合うことでワイン文化がつくられていきました。ワイン醸造は中央アジアからカスピ海にかけた付近ではじまり，古代メソポタミアからギリシャを経由し，ローマ帝国の進展とキリスト教の広がりとともにヨーロッパ全土に拡大していきました。キリスト教のカトリックではワインを“キリストの血”として儀式“聖餐（せいさん）”に使っています。ワインは現在では世界中で飲まれるお酒になっています。果物の中からブドウが選ばれたのは，ブドウは糖度が高くて発酵に好都合であること，乾燥地，寒冷地，やせた土地といった厳しい環境にも適応できるからです。でもなにより，できるお酒もおいしいからですね。

ワイン，日本ではかつてブドウ酒とよばれていましたが，現在の酒税法では果実酒に分類されます。果実酒は果実（果汁，乾燥果実，果実のもろみ），場合によってはそこに定められた糖類を加えたものを発酵させたお酒で，特定の植物を浸すこともできます。アルコールは 20% 未満，糖類やブランデーなどを加えた場合は 15% 未満と規定されています。なお，一般には梅酒なども果実酒とよびますが，税法上はリキュールに分類されます。

ワインは多様な見ためと味と香りをもつお酒で，製法と成分によって次の５種類に分類されます。なお一部酒税法の分類名と合わない部分があるので注意が必要です。

スティルワイン　スティル，つまり泡だっていないという意味の通常のワインのことで，赤，白，ロゼに分けられます。本書では断らない限りこのスティルワインについて述べます。

スパークリングワイン　発泡（性）ワインともいう炭酸ガスを含む泡立つワインです。

酒精強化ワイン　発酵中，ワインのもろみにスピリッツを加えてアルコール濃度を高めたものです。糖分が残っていると甘口になります。ちなみに酒精とはアルコールのことです。

フレーバードワイン　アロマタイズドワイン，香味付けワイン，混成ワインともいい，スティルワインに果汁，薬草，香辛料などを浸して香りをつけたものです。

フルーツワイン　ブドウ以外の果物で造ったワインです。

ワインの原料：ブドウ

次にワインの原料であるブドウそのものの説明をしましょう。

１．ブドウを育てる　ブドウの生育や品質は気候も含め，それが根を下ろした土地柄，これをフランス語でテロワールといいますが，それに左右されます。気候ですが，ワイン用ブドウに適した気候は年平均気温が 10〜20 ℃の範囲で，糖度を上げるためには大きな寒暖差，少ない降水量，そして長い日照時間の三つが必要です。加えて日当たり，風や霧，土壌の質や水はけという栽培畑ごとの微小環境，これをミクロクリマといいますが，その違いもブドウの出来に影響します。同じ地区の畑でも，斜面の北側と南側でワインの品質がまるっきり違うという現象はこれで説明できるそうです。栽培法にも工夫が必要です。木は低くして実付きを抑え，列状に詰めて植えることで行き渡る水と養分を制限します。ただ，ヨーロッパの温暖な地域では病原体の広がりを防ぐため，棚造りなど，密集させない栽培法もとられています。間違いかと思うかもしれませんが，やせて養分が少なく，石ころだらけの荒れた土地のほうがブドウは地中奥深くまで根を伸ばし，必死に糖をつくろうとして数は少ないけれど良い実をつけるそうです。ワイン用ブドウは品種も育て方も食用のものとは違うんですね！

スペインバスク地方のブドウ畑

2．ワイン用ブドウ　ブドウは世界に約3万種近く存在しています。このうちワイン造りに使われるものは1370種ほどありますが，よく使われる品種はそのうちの約100種類といわれています。シャインマスカットや巨峰など，食べておいしいブドウからは良いワインはできません。理由の一つは糖度（甘さ）の低さです。食用ブドウの糖度は食べてちょうどおいしい16～20%ですが，ワイン用は酵母をよく生育させてアルコール濃度を高くする必要があるため20%以上（～25%）は必要です。しかしワイン用ブドウを食べたことのある人はわかると思いますが，ワイン用のブドウは

カベルネ・ソーヴィニヨン

世界的に最も有名な品種の一つであり，ボルドーの主要品種。タンニンと酸味のきいた色の濃い，どっしりとした濃厚な味になる

メルロー

世界的に最も広く栽培されている品種の一つ。コクがあるのに飲みやすいビロードのような舌触りがある。ボルドーでは他の品種とブレンドして使われる

ピノ・ノワール

ブルゴーニュを中心とする世界的品種の一つ。果実味が強く，渋みの少ないエレガントな味。栽培地により味に特徴が出やすい。シャンパンにも使われる

カベルネ・フラン

カベルネ・ソーヴィニヨンに似るが酸味とタンニンは少なく，やわらかな味。フランス ボルドーやロワール地方でよく見られる

グルナッシュ

地中海地方，南フランスで多く栽培されている。濃厚だがまろやかな味わい。スペインではガルナッチャといわれる。他の品種とブレンドされることが多い

シラー

シラーズともいわれる。フランスのローヌ地方やオーストラリアでよく栽培されている品種。黒みがかった赤で，タンニンが多い

サンジョベーゼ

イタリアで最も多く栽培されている品種。トスカーナ州が主産地で『キャンティ』などがつくられる。濃い赤だがタンニンはやや弱く，酸味がある

テンプラニーリョ

スペイン原産で，高級ワイン『リオハ』の主要品種。深い赤でタンニンは少なめ。熟成するに従って花の香りを放ち，味わいが深まる

ネッビオーロ

イタリア ピエモンテ州を中心に栽培される品種で，高級ワイン『バローロ』，『バルバレスコ』の原料となる。酸味，タンニンに富むコクのある味わい

マスカット・ベーリーA

日本で栽培される，川上善兵衛により欧米品種からつくられた醸造，生食兼用品種。深みのある赤で，タンニンはやや強く，酸味は軽い

シャルドネ

ブルゴーニュ地方の主要品種だが，世界中で栽培されている。リンゴや柑橘系といったフルーツ香をもつが，『シャブリ』のようなきりっとした味にも仕上がる

ソーヴィニヨン・ブラン

ボルドーやロワールの品種だが，今では世界中で栽培されている。さまざまなニュアンスをもつ植物系の香り。時としてスモーキーな香りをもつ

リースリング

アルザス地方，ドイツを代表する品種で，涼しい気候にも適する。花や青リンゴ，ライムの香りをもつ。すっきりした辛口だが，ドイツでは甘口も多い

ミュラー・トゥルガウ

ドイツでつくられたリースリングとシルヴァーナーの交配種。一般的なドイツワインの主要品種。やわらかな酸味と甘みでマスカット香をもつ

ピノ・グリ

ピノ・ノワールの変種と考えられている。アルザス地方をはじめ，各地で栽培されている。軽めの味わいで，いろいろな料理に合う

ゲヴュルツトラミネール

アルザス地方をはじめ，各地で栽培される。ライチ，バラの花に似た少しスパイシーな個性的な香りがある。酸味が少なく，まろやかな口当たり

ミュスカ

食用のマスカットの香りをもち，広い地域で栽培される。果実味をもつさわやかな甘みがある。酒精強化ワインの原料になることも多い

セミヨン

ボルドーが起源の品種で，貴腐ブドウになることもある。『ソーテルヌ』や『バルザック』に使われる。辛口では柑橘系の香りをもつ

ピノ・ブラン

世界各地で栽培される。ワインは黄色がかった緑色で，硬質なニュアンスの香りをもち，繊細で酸味のある極辛口の味わいとなる

甲　州

日本固有の品種。ワインは透明に近い色合いで，香りは弱い。ほのかな甘みと酸味の飲みやすい味わいに仕上がる

酸っぱく，食べてもさほど甘く感じません。このことからわかるように，良いワインには酸味も必要なのです。加えて食用ブドウとは逆で，ワイン用ブドウは実が小さく皮離れもよくありません。ワイン造りに必要な甘み，渋み，酸味は皮に多いので，粒が小さくて皮の厚いものが良いブドウとされているのです。一般には古い木ほど深みのある良いワインができるといわれています。前ページに代表的なワイン用ブドウの品種をまとめました。ワイン用ブドウの三大品種といえば，赤ではカベルネ・ソーヴィニヨン，メルロー，ピノ・ノワール，白ではシャルドネ，ソーヴィニヨン・ブラン，リースリングです。世界中で栽培されている品種もあれば，特定の国や地域で栽培されているものもあります。

 スティルワインの造り方

1．赤ワイン　赤ワインを造るにはまず黒色系ブドウの軸を除き（除梗（じょこう）），果粒をつぶして果もろみにして約 25 ℃で発酵させ，その後果汁をしぼります（搾汁（さくじゅう））。糖度が 25% に満たない場合には糖を加えることもあります。発酵は皮についている自然酵母か人工的に増やした酵母で行います。発酵 1 週間くらいの期間を醸（かも）し発酵といいますが，これにより果皮と種からタンニンと色素が出て

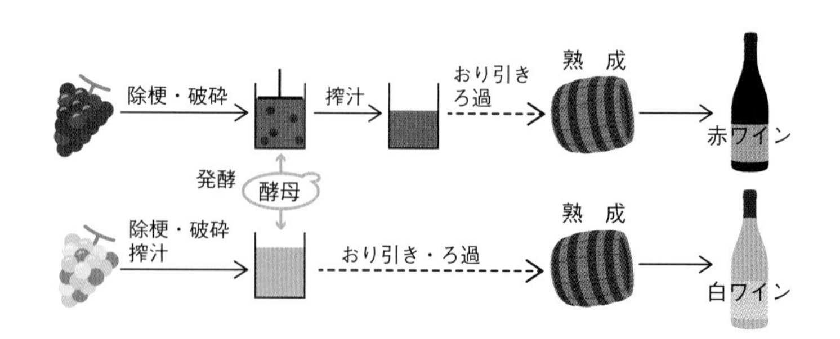

きます。そのため醸し発酵が長いと重いワインになります。糖分を完全にアルコールに変えるため，さらに1週間ほど発酵を続けてアルコール濃度を12〜13%にします。搾汁で果皮と種を除き，おりを除き（おり引き），ろ過したものをオーク（楢（なら）または樫（かし））の樽に詰めて半年〜3年間貯蔵，熟成しますが，これによってオークの香りがワインに移り，ワインに風味がつきます。熟成中にタンニンの一部がおりとして沈殿して酸味が和らぎ，鮮やかな赤紫色が落ち着いた色調に変化し，芳醇な熟成香が生まれます。その後再度おり引きして，おりを沈殿させてからろ過し，必要があれば調合，瓶詰めします。

2．白ワイン　ブドウを除梗し，果粒をつぶして搾汁し，果汁に酵母を添加して7〜10日間発酵させます。果皮と種がないので色はつかず，タンニンの渋みもありません。甘口にする場合は糖分を2〜4%ほど残すように冷やして発酵を中断します。約1年間熟成させます。

3．ロゼワイン　ロゼワインはピンク色のワインで，以下のようないくつかの造り方があります。

① 赤ワインのように果もろみを発酵させますが，途中でしぼり，果汁をさらに発酵させます。

② 赤ワイン用ブドウをしぼり，薄く色づいた果汁を白ワインのように発酵させます。

③ 赤ワインと白ワインをブレンドします。ロゼシャンパンの造り方です。

④ 赤ワインブドウと白ワイン用ブドウを混ぜて発酵させ，途中でしぼります。

4．極（ごく）甘口白ワイン　白ワインの中には糖度の非常に高い極甘口ワインがあり，デザートワインとして飲まれています。以下のような種類があります。

貴腐ワイン　収穫時に湿度が高くなってブドウの表面に特殊なカビ（ボトリティス・シネレア）がつくと，カビが果皮表面のロウを溶かし，果肉の水分が蒸発して糖度が40%以上に上がります。これを貴腐化といいます。このブドウから造ったワインを貴腐ワインといい，蜂蜜のような濃醇で滑らかな甘さがあります。ボルドーの『ソーテルヌ』，ドイツの『トロッケンベーレン・アウスレーゼ』，ハンガリーの『トカイ』が三大貴腐ワインとして有名です。

アイスワイン　ドイツやカナダの寒冷地で造られるワインで，ブドウの収穫を遅らせて冬までおいて実を凍らせ，その結果水分が減って糖度の高くなった果汁からワインを造ります。芳醇な香味をもつ甘口ワインになります。

干しブドウワイン　干しブドウで造ったワインです。藁(わら)の上でブドウを干すイタリアの『ヴィーノ（ヴィン）・サント』やフランスの『ヴァンドパイユ』という藁ワインが有名です。

スティルワイン造りのバリエーション

スティルワイン造りにはいくつかの変法があり，それぞれ特徴的な味わいに仕上がります。

マロラクティック発酵　発酵終了後，酸味の強いリンゴ酸を乳酸菌でマイルドな乳酸に変化させる手段で，赤ワインと，樽発酵シャルドネなどといった一部の白ワインで行われる場合があります。樽貯蔵中に，含まれる乳酸菌で自然に行わせるか，乳酸菌を人為的に加えて行います。

シュール・リー　“おり（澱）の上”という意味で，白ワイン発酵後に酵母などのおりを除かず，そのまま数カ月間置きます。残った酵母が酸化を防ぎ，酵母から染み出た成分が味に厚みを与えま

ちょっと詳しく

ワイン造りになくてはならない添加物：亜硫酸

ワインには雑菌の増殖防止，酸化と変色の防止，色素溶出促進と色落ち防止，青臭いアセトアルデヒド臭の除去などのために，ほぼ例外なく亜硫酸が添加されます。添加はブドウ果実の状態から瓶詰め時までのいろいろなタイミングで，複数回，亜硫酸ガスかメタ重亜硫酸カリウムの形で加えられます。亜硫酸にはマッチを擦ったようなにおいがあり，ワインの香りを害します。また発酵や熟成にも悪影響を及ぼし，人体にとっても異物になるので，使いすぎないにこしたことはありません。日本では 350 mg/L，EU ではワインの種類により 150（辛口の赤）～400 mg/L（貴腐ワイン）を上限に加えられています。亜硫酸は酸味が少ないもの，糖度の高いものではより多くの量が必要になり，赤ワインより白ワインのほうが多く使われます。亜硫酸は時間とともに物質に結合して効力が弱まるため，必要最少量（意外に少ない）以上に添加されますが，実際には最大限度量添加している製品はほとんどありません。瓶詰め後 1～2 年経つと亜硫酸単独の形のものはほとんどなくなります。亜硫酸を加えないとワインは急速に劣化し，発酵中に生じるアセトアルデヒドのせいで青臭い味になるため，その使用は必須です。オーガニック・ワイン（有機ワイン）であっても，通常の方法で醸造したものであればやはり 100～150 mg/L 程度は使っているようです。清潔な原材料と器具を使い，なるべく空気に触れずに低温で操作すれば亜硫酸を減らすことができます。多くはありませんが，低温で酸素を遮断した状態で醸造し，かつ発酵力が強くアセトアルデヒド発生量の少ない特殊な酵母を使用した「亜硫酸不使用」のワインもあります。

す。

マセラシオン・カルボニック　“炭酸ガスに浸す”という意味です。赤ワイン用ブドウを房のままタンクに入れ，つぶれた一部のブドウによって発酵が起こります。そうするとタンクいっぱいに炭酸ガスが充満します。こうして無酸素状態になると果粒中で酸素を使わない発酵が自然に起こり，アルコールができます。この過程で独特の芳香が生まれ，色素も出やすくなります。後は搾汁して残った糖分を最後まで発酵させると，タンニンの渋みと酸味の少ない飲みやすい赤ワインになります。ボジョレー・ヌーボーはこの方法で造られます。炭酸ガスを直接吹き込む方法もあります。

樽発酵　白ワインを樽で発酵させ，その後シュール・リー状態にします。樽香が穏やかになると同時に，酸化も防げます。

 スパークリングワイン

1．スパークリングワインってどんなもの？　注ぐと炭酸ガスが泡立つ白ワインあるいはロゼワインで，よく冷やして飲みます。スパークリングワインの製法にはおもに次の３種類があります。

一つ目は炭酸ガスを機械で直接吹き込む方法で設備が必要です。泡は長持ちせず，すぐに消えてしまいます。

二つ目の加圧タンク法は，ワインに酵母と糖を加えて密閉タンクで二次発酵させ，生じた炭酸ガスをワインに溶け込ませる方法です。イタリアのスプマンテがこの方法で造られます。

最後の瓶内二次発酵法は糖と酵母を瓶に加え，瓶内で二次発酵させて造ります。フランスのシャンパーニュ地方のシャンパン（次項参照），クレマンと総称されるフランスの発泡ワイン（クレマン・ダルザスなど），スペインのカヴァなどがこの方式をとっています。なおシャンパンはシャンパーニュが正しい呼び方ですが，地域名と

の混同を避けるため，本書ではシャンパンと表記します。

二次発酵後に長期熟成すると味に力強さが出て風味も加わります。フランスでは炭酸ガス圧によって，シャンパンのような高い（5～6気圧）ものはムスー，中くらい（3～3.5気圧）のものはクレマン，低い微発泡のもの（2.5気圧以下）をペティヤンと分けています。

2．スパークリングワインの代名詞：シャンパン シャンパンとは規定の製法に従ってシャンパーニュ地方で醸造されたスパークリングワインのみが使える名称，すなわち地理的表示です。シャンパンの製法は中世の修道士ドン・ペリニヨンによって発明されました。ピノ・ノワールなどの黒ブドウと，白ブドウのシャルドネの果肉を混合して造られ，ロゼは赤ワインと白ワインを調合して造ります。

二次発酵後に酵母のおりを除く方法ですが，まず瓶の口を下にし，時間をかけながら瓶を回転させ，おりをコルクに集めます。次に口を冷凍してコルク栓を抜くと，おりが氷とともに飛び出ます。空いたスペースに加糖したワインやリキュールを加え，同じロットのワインで量を揃え，針金でコルク栓をとめます。加えるリキュールやワインの糖分によって甘口～辛口が決まります。完成まで時間はかかりますが，ボディ感，繊細さ，キレのあるワインになります。

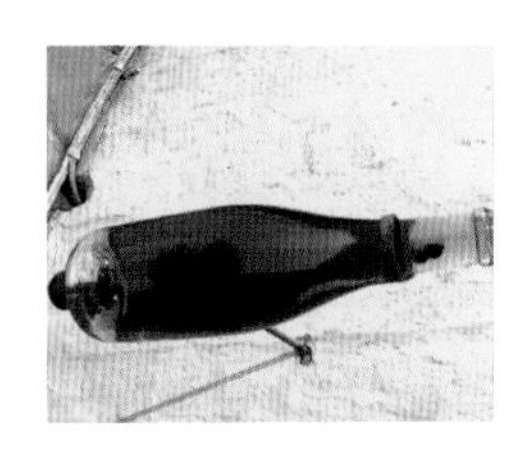

（左）シャンパンの瓶の中におりが集まっているのがみえる
（右）貯蔵庫で静置することでおりを瓶の口に集める

酒精強化ワインってどんなワイン？

酒精強化ワインはアルコール強化ワインやフォーティファイドワインともいい，ワイン発酵の途中にスピリッツを入れ，アルコール濃度を 15〜22% 程度に高めて保存性をもたせたものです。スピリッツを入れる時期が発酵の初期だと甘口，後期だと辛口に仕上がります。おもに気温の高い地域で造られ，イベリア半島，すなわちスペインとポルトガルで造られるものが有名です。酒税法ではワインではなく甘味果実酒に分類され，食前酒，食後酒，デザートワインとして飲まれます。大航海時代に，長期の航海で日持ちするワインが求められていたため，今でも伝統的にイギリスがこれらのワインの一大消費地になっています。このため，お酒のブランド名やそこに書かれる言語は伝統的に英語が使われます。下記のものを世界三大酒精強化ワインといいます。

ポート　ポートは、ポルト，ポートワインともいい，ポルトガル北部のドウロ川上流で採れたブドウを原料に川の下流，河口付近の醸造所で造られるワインです。赤が中心ですが白もあります。発酵途中にブランデーを入れるため甘口に仕上がります。2〜3 年熟成させたものをルビー・ポート，10〜20 年熟成させた黄褐色のものをトウニー・ポート，良いブドウがとれたときに造られる高級品をビンテージ・ポートといいます。筆者はしばしばポートを楽しみますが，良いポートは上質なブランデーの香りに包まれた芳香と深い甘さが調和したすばらしいお酒です。余談ですが，筆者，結婚記念の年のビンテージポートをキープしています。どんな味なのか，空けるのが今から楽しみです。

結婚記念のビンテージポート（1976 年物）

マデイラ　マデラ酒，マデイラワインともいい，ポルトガルのマデイラ島で造られるワインです。醸造中にアルコールを約19％になるように加え，45〜50℃まで少しずつ加熱し，3カ月置いてからゆっくり冷まします。ここで糖分とアルコール分を調整することもあります。最後に温かいところで5〜50年間じっくり熟成させます。マデイラの製法は，船乗りがワインを積んで赤道越えの航海をし，帰国後に飲んだらそのワインがおいしくなっていたという体験から生み出されたもので，熱により褐色に色づき，酸味が消えて独特の香気が生まれます。歴史上の人物にもマデイラ好きが多いようで，ナポレオンがセントヘレナ島に流刑されたとき，「マデイラを飲んで死にたかった！」と言ったという逸話や，トーマス・ジェファーソン（第3代アメリカ大統領）がアメリカ独立宣言の式典の乾杯に好物のマデイラを使ったという記録が残っています。

シェリー　スペインのアンダルシア地方の都市ヘレス・デ・ラ・フロンテーラ（通称ヘレス）周辺で白ブドウを使って造られる酒精強化ワインの総称です。シェリーあるいはシェリー酒は英語での呼び方で，スペイン語ではヘレスです。発酵の進め方とアルコール添加によって辛口から甘口，極甘口まであり，製法によって味わいが異なり，それぞれ固有の名前がつけられています。辛口はおもにパロミノ種のブドウから造られ，フィノ，マンサニージャ，オロロソ，アモンティリャードの種類があります。一方，極甘口は単一品種で造られ，ペドロ・ヒメネスやモスカテルといったブドウ品種の名前がつけられます。ミディアム，クリームなどの甘口は，辛口と極甘口を混ぜて造ります。

つづいてシェリーの造り方を説明しましょう。辛口タイプではまず辛口白ワインをつくります。ここで秋から冬のヘレス地区独特の気候によって樽内ワインの表面にフロールという産膜酵母の膜ができ，シェリー特有の香りが生まれます。ここにワインやスピリッツをアルコール濃度15%になるように加えて，フロールを維持し続けるとシャープな香りのフィノになります。特有な多湿，低温気候のサンルカールという地域で造るとソフトで塩味のきいたマンサニージャになります。アルコールを17%になるように加えるとフロールが消え，ワインが空気に触れて酸化熟成し，芳醇な褐色のオロロソになります。アモンティリャードはフィノがフロールを失って酸化熟成したものです。ペドロ・ヒメネス種，モスカテル種のブドウを使ってブランデーを加えて極甘口に仕上げられたものは，シロップに似た群を抜く甘さがあります。このように，シェリーは簡単に一つにくくることができないほど，きわめてバリエーションに富んだおもしろいお酒なのです。

 フレーバードワイン

フレーバードワインは食前酒やカクテルの材料として使われます。たとえば，ベルモットは白ワインにニガヨモギを含む多数の薬草，スピリッツ，色素を加えたもので，なかには赤く着色したものもあります。イタリアやフランスでよく飲まれるフレーバードワインです。ワインに薬草や植物の根の抽出液を加えて健胃効果をもたせたものはアペリティフワインといい，フランスのキールなどが有名です。サングリアはスペインで生まれ，今では世界中で飲まれています。ワインにレモンやオレンジの果汁，糖分を加え，果実を浸して造ります。スペインでは各レストランやバルがそれぞれ自家製の新鮮なものを提供しています。筆者も飲んだことがありますが，なかなかおいしいですよ！

ホットワイン（温ワイン）は冬用の温かいカクテルで，赤ワインをベースに，水，クローブやシナモンなどのハーブ，糖，オレンジ

やレモンなどの果汁や果実を入れて造ります。フランスではヴァンショー，ドイツではグリューヴァインといい，クリスマスの時期はあちこちの屋台で飲めます。温まる～！

ドイツのクリスマス市名物
ホットワイン用マグカップ

サングリアとタパス
（函館のスペインバル祭）

 フルーツワイン

フルーツワインの定義はあいまいで，国によってずいぶん違いますが，ここでは果実（フルーツ）をブドウの代わりに使った醸造酒に絞って述べます。最も多いのはリンゴ酒で，フランスのノルマンディー地方，スペインのバスク地方，イギリスなどがおもな産地で，

スペインバスク地方のシードラ蔵。樽から直接注いでくれる。
このときの訪問の様子が新聞に載りました！

それぞれシードル，シードラ，サイダーとよばれます。日本の『サイダー』の名前もここから来たようです。天然酵母か培養酵母で果

お酒のよび方は適当でいいみたい

フルーツワインはあいまいな言葉です。日本だと醸造酒でしょうが，欧米ではリキュールも含まれるので，ワインは“酒”全般を表す言葉みたいです。フランスでは「酒を飲む」を「ワインを飲む」といったりします。ポーランドへ行ったとき，「公園でアップルビールが振る舞われているよっ」というので飲んでみたらリンゴ酒でした。今度はビールもワインも一緒ですか？　そういえばリンゴ酒を造る蔵はワイナリーではなく，ブリュワリー（醸造所）だそうです。わからないでもないですけど。ベトナムへ行ったとき，メニューにライスワインとあったので「おッ！　日本酒か？」と思い，喜んで注文して待っていたら，出てきたのはアジア独特の蒸留酒，高梁酒（コーリャン）でした。今度はなんと！　蒸留酒がワインとよばれていました。外国語の表現方法や訳に問題があるとしても，「ワイン，ビール，酒」の使い方の区別ってなんか適当ですよね。

ポーランドでふるまわれていたリンゴ酒を飲んでみました

実を発酵させると，アルコールが約5%になります。発泡性で辛口と甘口があり，辛口は見た目も味もビールそっくりです。筆者も時々飲みますが，フランスのシードルはほのかに甘いのに対し，スペインのシードラは甘さをほとんど感じません。シードルの蒸留酒をカルバドスといい，なかなかいけます。フルーツワインは，このほかハワイや東南アジアのパイナップルワインのほか，チェリーワインや梨ワインなどがあります。フランスではチェリーワインを蒸留したものをキルッシュといい，アルザスの特産品です。日本でも小規模ですが各地でキウイ，イチジク，モモなどを使ったさまざまなフルーツワインが造られています。原料の果実の糖度が足りないため，多くの場合，加糖してから発酵させます。

ワインの味の評価と表現

1．味の評価基準と表現法　“同じものは二つとない”といわれるほど個性的なワインですが，基本的な味の評価は，赤ワインであれば重い，つまりタンニンが多くアルコール感とコクが濃いか，軽い，つまりタンニンが弱く軽快かにより，重いほうから順にフルボディ，ミディアムボディ，ライトボディに分けられます。他方，白ワインは，甘口，辛口と甘さで判断されます。甘さの感じ方はおもに糖度で左右されますが，酸味も関係します。ワインの味は甘み，酸味，渋み，アルコール度のバランスで決まり，バランスが良いとまろやかでおいしく感じられます。味の判断基準にはこのほか，きめ，キレ，のどごしがあります。味の全体的印象を表す言葉には「エレガント」，「力強い」，「香ばしい」，「フルーティ」などがあり，より具体的には「ナッツのような」，「ミネラル感のある（白）」，「肉のような（赤）」，「スパイスのきいた」，「石灰のきいた（白）」や「レースのような」，「きめ細かい」などということもあります。

熟成が進んでいないワインは「若い」，「青い」，「生の」などと表します。

2．香りの表現法　ワインを特徴づけるのは味だけではなく，香りもあります。香りにはワインそのものに鼻を近づけたときに感じる香りアロマと，ワインを空気に触れさせた時に感じる香りブーケがあります。アロマはワイン本来の果実香や発酵で生まれる香りで，ブーケは空気との相互作用で生じるいわゆる“開いた”香りです。香りの表現として，アロマは赤ワインでは果物（木イチゴ，カ

迷ったらソムリエに任せよう！

何年か前のことです。接待のためにソムリエのいるしゃれたフレンチレストランへ行ったときのこと。ワイン注文の段になり，リストに“リースリング”の文字が目に入りました。リースリングはフランスのアルザスでよく飲んだもので，料理に合う辛口と知っていたので，「これは？」と聞いたところ，ソムリエが「これはちょっと変わっていて，甘口です」と教えてくれました。でも『リースリングは辛口』という先入観があった私は少しくらい甘めでも問題ないだろうと思い，それを注文しました。ところがテイスティングしてビックリ。なんと！　デザートワインのような甘さなのです。断ることもできず，結局やっとの思いでボトルを空けたという苦い思い出があります。ブドウ品種の図にも書きましたが，リースリングは基本的に辛口ワイン用のブドウなのですが，なかにはかなりの甘口にも仕上がるものもあることを後から知りました。ソムリエに「料理に合うこれくらいのものを」と希望価格帯あたりをそれとなく指し示すというのがスマートで間違いない注文法ですね。知ったかぶりは禁物です。反省！

シスなど），花（スミレなど），スパイス，野菜などにたとえられ，白ワインでは果物（ライム，青リンゴなど），ハーブ（ミント，バジルなど），花（リラ，バラなど）などにたとえられます。ブーケの表現として，赤ワインでは枯葉，紅茶，腐葉土などが，白ワインでは白カビ，トリュフなどのキノコ，アーモンドなどがあります。

ワインの香りと味はきわめて多様で複雑なため，それを的確に伝えるためには敏感な舌と鼻に加えて上のようないくつかの語彙（ごい）が必要です。上手に使いこなしてワイン通といわれるようになりましょう！

3．ワインの味わいや品質は何で決まるの？　ワインの品質を決める要因は四つです。一つ目はブドウです。清酒と比べるとよくわかりますが，ワイン醸造はプロセスが比較的単純でブドウが唯一の原料なため，お酒の品質は必然的にブドウ自身，つまりブドウの品種と出来に依存することになります。良いブドウは良いワインの大前提であり，劣悪なブドウからはどんな名人でも良いワインは造れません。いいかえれば，ワイン造り名人はブドウづくりの名人でもあるのです。二つ目ですが，同じ品種のブドウでも栽培地区（テロワール）や畑（ミクロクリマ）が違えばブドウの出来も変わります。三つ目は気候です。上記二つがいくら良くとも，気候が悪ければ良いブドウはできません。ワインも最後はお天気頼みということですね。ブドウが育った年をビンテージといいますが，ワインでビンテージが注目されるのはこのためです。近年では，温暖化の影響でブドウ栽培に適した地域が北に移っているそうです。四つ目の要因は造り手で，ワインの品質はブドウ栽培や畑の管理，醸造の手順やノウハウ，そして醸造家の努力といった人的な要因で左右されます。現在は醸造過程の機械化や自動化が進み，人的要因の重要度は低くなっているそうですが，それでもやはり最後の決め手は人間なんですね。

ワインを飲んでみよう！

1．飲む前に　ワインは涼しいところに瓶を寝かせて保存します。こうするとコルク栓が湿り，コルクがわずかに膨らんで弾力が保たれ，中に空気が入るのを防ぐことができます。飲む少し前に瓶を立てておりを沈め，ワインクーラーなどがない場合は直前に冷蔵庫に入れて冷やします。飲み頃の温度は赤ワインは 10 ℃～室温で，軽いものほど低めにします。白ワインは 5～13 ℃で，甘いものほど低めにします。25 ℃の瓶を冷蔵庫に入れた場合，冷蔵庫の真ん

瓶の栓はコルクがベスト？

良いワインを封切るときは失敗しないように栓を抜こうと緊張しますが，これがプラスチック栓だったり，スクリューキャップだったりすると，「安物だろう」と思って最初から期待感が薄れませんか？　コルクはポルトガルや地中海沿岸に生えるコルク樫（かし）という植物がもつ，ぶ厚い多孔質の木の皮で，強い弾力と反発力が保たれるため，栓にはもってこいの素材です。コルクは瓶を長期間立てて置くと乾いて緩くなり，温度や湿度が高いと膨れて変形し，ワインの保存状態を知るバロメーターにもなります。こう書くといかにも良さそうですが，果たしてコルクはベストな素材なのでしょうか？　実際は，コルク栓に関するトラブルをよく耳にします。栓を抜くときにコルくずが中に入ったり，湿ったり古くなったコルクが抜くときに崩れたり，カビが生えたり，空けた後で再び栓を入れようとしても入らなかったりなどで，筆者も年に何回かは経験します。品質面では“コルク臭”が問題視されることもあり，「コルクの全面的勝利！」とはいかないようです。

中付近では20分で温度が約4℃ほど下がります。送風口付近に置くと20分で約5℃，野菜室だと約3℃といった感じなので，これを冷やす時間の目安にしましょう。氷水だともっと速く，5分で約10℃ほど下がります。うっかりすると冷えすぎになりがちなので注意してください。冷凍庫？　はやる気持ちはわかりますが，危な

残したワインがびっくりするほど おいしくなっていた！

筆者はタンニンの強い重すぎる赤ワインは苦手です。あるとき家でそのようなワインを開封したので少しだけ飲み，残りを冷蔵庫に入れておきました。3〜4日経ったある日，残したワインを飲んだところ，まったく別のワインのように華やかさとまろやかさが出てビックリするほどおいしくなっていました。開封し時間が経ったのでワインが開いたのでしょう。このときの驚きは半端なく，「これだ！」と思ってすぐにデキャンタージュ専用のフラスコを買いに走りました。家にあった安い1本を開けてデキャンタージュし，期待に胸膨らませて味わってみたところ…「アレッ？」。味が全然変わらない，というかむしろ悪くなった気さえするのです。「ウッソ〜！」。このことから，デキャンタージュでおいしくなるワインはそういう素質のものだけだということがわかりました。「デキャンタージュは概して効果が薄い」というワイン専門家の意見もかなりあり，また一定の頻度で逆に悪くなることもあるそうで，「しない派」が多いようです。何よりデキャンタージュ操作やその後の片付けが面倒ですよね。例のフラスコ，その後は物置きの肥やしとなって長い眠りについてしまいました。

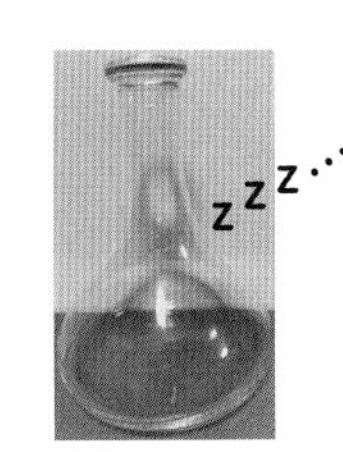

眠りについてしまった
デキャンタフラスコ

いのですすめられません。飲み頃の温度になったらコルクを抜きます。赤ワインの場合，栓を抜くとワインが空気に触れて酸化状態になり，香りが立って味がマイルドになる場合があります。この変化を“ワインが開く”と表現しますが，完全に開くには数時間かかります。赤ワインのおりを事前に除くために，瓶の上澄(うわず)みを別の容器に移し替えるデキャンタージュという技(わざ)があります。ワインによっては，この作業によって開きやすくさせることもできますが，効果のない場合や逆に悪くなる場合もあり，注意が必要です。

複数のワインがあると飲む順番，迷いますね。あわせる料理にもよりますが，一般には軽い→重い，若い→古い，辛口→甘口，白→赤にします。

2．ワイングラスにこだわろう！　次にワイングラスについてみていきましょう。大きさで違いますが，注ぐ量はワイングラスの2～7割程度にします。注意として，グラス内に漂(ただよ)う香りを十分グラスの中で感じられるよう，日本酒と違ってたっぷり注がないことが大事です。容量の大きいボルドー型やブルゴーニュ型グラスの場合は2～3 cm も注げば十分です。ワイングラスには芳香を存分に感じるための工夫があります。まずグラスには細長い足がありますが，この部分（あるいはその下の台）をもつようにします。こうすると体温がワインに伝わらず，アルコール臭が抑えられます。万能で使えるワイングラスとしては，底からも側面からも香りが出るよ

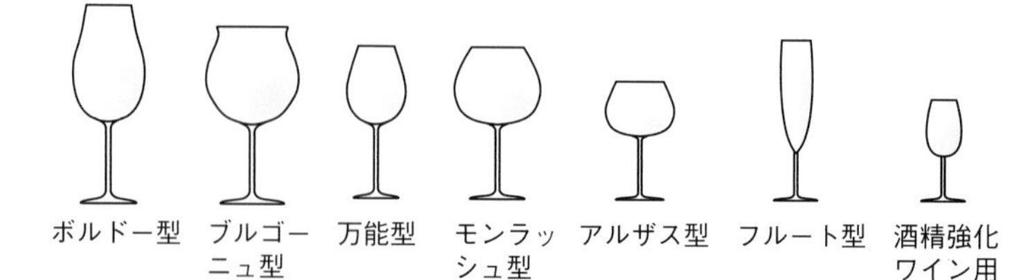

うな，底がふっくらしたチューリップ形で，材質はむろんガラス，できれば粘りのあるクリスタルガラスがよく，傾けたグラスの側面にワインの膜ができてより香りが立ちます。ワインの味に対するワイングラスの材質と形の効果は大きく，ワインの味が全然違ってきます。ぜひ試してみてください！　グラスを立てたとき，ワイングラスの側面についたワインが蜂蜜のように壁をスーッと落ちる姿を“ワインの足”といいますが，足の遅い，つまり粘度の高いワインはエキス分の多い良質なワインの証です。

赤用のボルドー型グラスは香りが少しずつ立ち，しかもそれを閉じ込められるように内側にカーブした長めの胴をもち，口がすぼんでいます。赤用のブルゴーニュ型グラスは胴がボール状で空気に触れる面が大きく，華やかな香りをすばやく感じられるようになっています。白ワイン用グラスはワインの温度が上がらないよう，少なめに注ぐために，赤用に比べて小さめになっています。シャルドネなど，繊細な香りと穏やかな酸味の白ワインには大きな丸みのある胴のモンラッシュ型が適しています。アルザスワインは甘酸っぱさと香りが味わえるようグラスは小振りです。スパークリングワインは気泡がきれいに見えるように，細長いフルート型のものを，酒精強化ワインは少量ずつ飲むため小型のものを使います。

3．ワインの味わい方　まず色と透明度を確かめ，次にグラスの口に鼻を近づけてアロマを嗅ぎ，それからグラスを水平に回してワインを空気に触れさせ，生じるブーケを確かめます。グラスを回すときは，右手で回す場合は左回りにします。グラスを手前に引く力のほうが強いため，ワインが飛び出ても自分のほうにこぼれるので周囲に迷惑をかけません。最後に口に含んで味をみましょう。このときワインを空気と一緒に口に入れると良いのですが，難しいので慣れていない場合はやらないほうが無難です。瓶に残ったワインは酸化，変質しやすいので，栓をして冷蔵庫に保管し，早めに飲むようにしましょう。中に窒素ガスを入れたり，空気を抜いたりしてワインを長持ちさせる方法もあります。

ワインの熟成期間と飲み頃

ワインは熟成期間が長いほど良いというのは間違いで，どんなワインにも飲み頃というものがあります。一般的にワインは醸造所で1～3 年ほど，白はそれより短めの期間熟成させますが，ボジョレー・ヌーボーやスペインのチャコリのような早飲みタイプのワインはできてから 1 年以内に飲むのが基本です。ワインは高級なものほど熟成期間が必要で，最高級赤ワインの熟成には 10～30 年以上を要します。赤ワインは貯蔵期間が長くなるに従って色が鮮やかな赤からレンガ色に変わっていきます。白ワインの熟成期間は赤に比べて短く，甘口のものは熟成に従って淡い金色から琥珀色へ変化していきます。いずれも飲み頃を過ぎると品質が落ちるので，入手したらあまり長期間，後生大事にとっておかず，おいしいうちに飲んでしまいましょう。瓶詰め状態のワインは置いてもほとんど熟成しません。白ワインは基本熟成せず，飲み頃を超えて時間が経つとだんだん酢の味に近づいていくそうです。中世から続くフランスのとあるワイン蔵に行ったとき，数百年物の白ワインが展示されていましたが，ガイドが「これは“酢”です」と言っていました。

世界のワインの頂点：フランスワイン

ワイン王国フランスは世界のワイン醸造家の目標になっています。多数の産地があり，それぞれが特色あるワインを産出するとともに，それぞれに特徴のあるグラスや瓶もあります。

フランスワインの中ではボルドーとブルゴーニュが双璧ですが，

フランスワインの瓶の形

フランスのワイン地図

ここにシャンパーニュを加えたものを三大ワイン産地といいます。以下で産地別にその特徴を説明します。

ボルドーは赤に特徴があり，カベルネ・ソーヴィニヨン，カベルネ・フラン，メルローが中心品種で，これらを２種類以上ブレンドして造られます。色調が濃く，タンニンのきいたどっしりした味わいが特徴です。メドック，グラーブ，サンテミリオンなどの生産地区があり，ワイナリー名には“シャトー”のつくものが多くあります。

ブルゴーニュはピノ・ノワールやガメイなどの単一ブドウで醸造し，赤ワインは色調が明るくタンニンが少なく華やかな味わいです。シャブリ（白が有名），コート・ド・ニュイ（『ロマネ・コンティ』の産地），コート・ド・ボーヌ，ボジョレー（ボジョレー・ヌーボーの産地）などが有名で，製品には土地名がつけられます。

コート・デュ・ローヌは香りや個性の強いものが多くあります。北部は良質なものを産し，南部は豊富な生産量を誇ります。

プロバンスやラングドックといった南仏地区は温暖なのでブドウ栽培量が多く，日常的に飲まれるワインが量産されます。

シャンパーニュは言わずと知れた上質なスパークリングワイン“シャンパン”の生産地です。

アルザスは単一品種で造られる白ワインの産地で，ブドウ品種名がそのまま製品名になります。“アルザスの愛児”と評される辛口のリースリングや，“アルザスワインの女王”と形容される優美な香りとコクが特徴の上品な甘口のゲヴュルツトラミネールなどがあります。

ロワールはフレッシュでさっぱりとしたものが多く，赤でも冷やします。さまざまなタイプのロゼも造られます。

参考までにEU各国の伝統的なワインのクラス分類と，新しい統一クラス分類を紹介します。上にいくほど高級品になります。これまでは図のように各国でバラバラの呼び名でしたが，2009年頃か

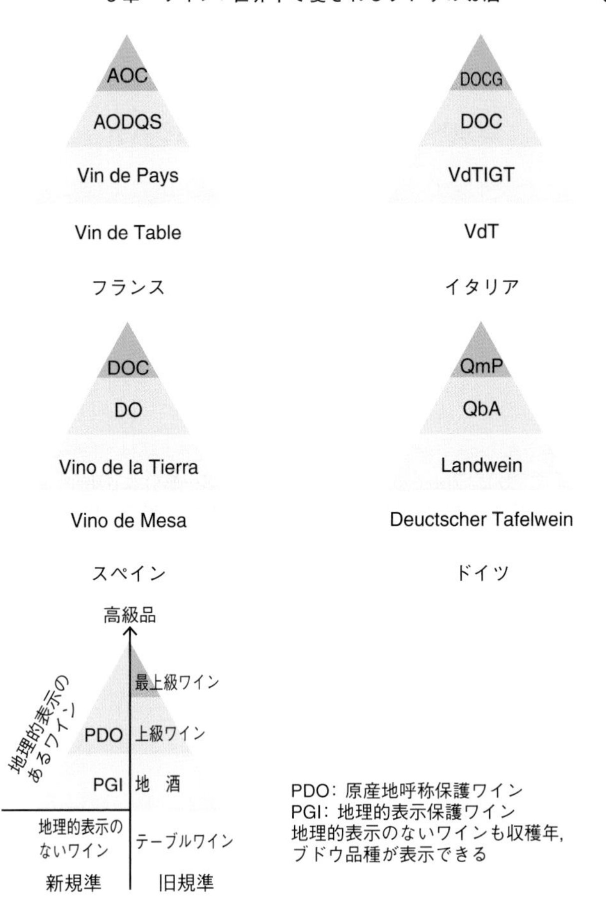

ヨーロッパ主要国の伝統的なワインの分類と新しい統一基準

らEUの統一基準が取入れられています。

 世界のワイン

ワイン生産量順位は年によって変わりますが，フランス，イタリ

ちょっと詳しく

ボルドーワインは貴族の館で造られる

ボルドーワインのラベルにはシャトー“Château（館（やかた），屋敷）”と書かれているものが多くあります。ワイン好きであれば“シャトー＝良いワイン”と認識しているかもしれません。これはおおむね正しく，事実『シャトー・マルゴー』や『シャトー・オー・ブリオン』などは評判の高級ワインです。シャトーはボルドーワインの醸造所（ワイナリー）名を示す肩書きの一つですが，これには中世フランスの歴史が関係しています。ボルドーは中世に何度かイギリス領になったりフランス領に戻ったりしていました。イギリスではボルドーのワインは大変な人気で，やがてイギリスの領主（貴族）がボルドーのブドウ園を所有し，できたワインをイギリスに送るようになりました。そのとき領主は自身の屋敷の名をワイン名につけたのです。それが“シャトー”です。フランス革命後，国に接収されたワイナリーを商人や貴族が買い戻して以前からのワイナリーのスタイルを守り，それが今日まで引き継がれています。

ア，スペインは常にトップグループにあり，その後にアメリカ，

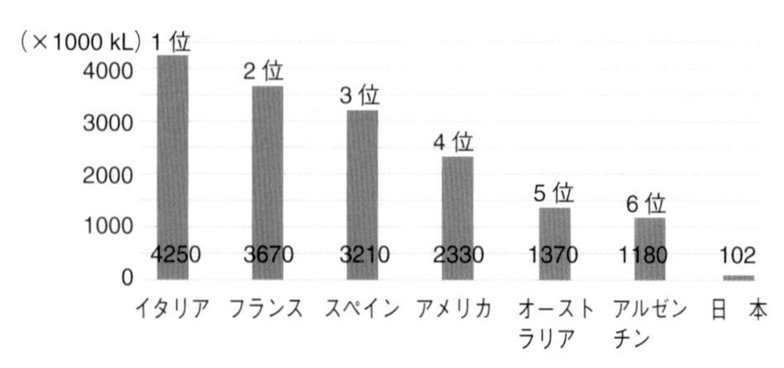

ワインの国別生産量（2017）
［国際ワイン・ブドウ機構および国税庁『酒のしおり』より改変］

オーストラリア，中国，南アフリカ，アルゼンチン，チリなどの第二グループが続きます。世界のワインは大きく旧世界ワインと新世界ワインに分けられます。前者には複数の品種をブレンドした奥行きのある複雑な味のワインが多いですが，後者には単一品種を使ったシンプルでわかりやすいものが多くあります。以下に旧世界ワインと新世界ワインの国別ワイン事情について説明します。

旧世界ワイン

イタリア　良質なワインの産地は北部のピエモンテ州，ヴェネト州，トスカーナ州ですが，気候が良く，全土でワインが造られます。スパークリングワインやフレーバードワインもよく飲まれます。

スペイン　北部リオハでできる高級赤ワインに加え，酒精強化ワインのシェリー，スパークリングワインのカヴァなど，特徴的なものがたくさんあります。

ポルトガル　良質なテーブルワインが多く造られます。微発泡ワインの『マテウス・ロゼ』は世界で最も飲まれているワインの一つです。酒精強化ワインのポートとマデイラも有名です。

ドイツ　ブドウは南西部のライン川およびその支流であるモーゼル川とマイン川の流域でつくられ，白ワインが生産されます。昔は酸っぱいブドウしか育たなかったドイツで甘口ワインがつくられるのは技術と品種の改良に加え，ズースレゼレブといわれる瓶詰め前の白ワインに発酵前のブドウ果汁を加える手法によります。

新世界ワイン

アメリカ　おもにカリフォルニア州沿岸で生産され，カリフォルニアワインとよばれます。単一種ブドウの品種を明示して75％以上使用したものが上級品とされています。赤のイメージがありますが白もあります。

チリ　風土がワイン造りに合い，「安くておいしい」という評判が定着して人気が高まっています。最近はヨーロッパの技術を導入した高級ワインの生産も始まっています。

オーストラリア　サウスオーストラリア州が最大の産地です。ワイン新興国ですが，近年は質の高いワインがたくさん造られるようになってきました。

アルゼンチン　以前は国内向けのワインが中心でしたが，チリ国境近くでは輸出用の優良なワインが盛んに造られています。

日本産ワインのチャレンジ

1．日本のワインの歴史　日本のワイン造りは明治時代に始まりました。当初ワインはブドウ酒とよばれていましたが，酸味があるためあまり好まれませんでした。ワイン製造会社 壽屋（ことぶきや）（現 サントリー）がワインに糖や香料を添加した『赤玉ポートワイン』（現在の『赤玉スイートワイン』）を売り出したところ爆発的に売れたので，ある年代以上の人は“ワイン＝甘いお酒”と連想するそうです。戦後はワインの消費が伸び，それに伴って生産量も増えました。日本のおもなワイン生産地は北海道，山形，山梨，長野で，ブドウ品種としては甲州や山ブドウといった在来種，マスカット・ベーリーＡやブラッククイーンといった日本でつくられた品種，そして外来品種あるいはその果汁が使われます。

大正時代の
赤玉ポートワイン

2．国産ワインの抱える諸問題　国産ワインにはいくつかの問題があります。一つは品質です。醸造技術は高いのですが，味の評価は「水っぽくてインパクトがない」と芳(かんば)しくありませんでした。ブドウ酒は生食に回せない，くずブドウでつくっていたという歴史があり，ブドウ栽培の目的がおもに生食だったことがおもな原因です。そのため“高い発酵効率を実現させるだけの糖度がなく，それを補うために加糖するので味が甘ったるい”，“味を引締める酸味がない”という評価が続いていました。酸味や渋みのあるワインが伝統的な和食に合わないという嗜好(しこう)上の原因もあったかもしれません。加えて多湿，多雨というワイン用ブドウにとっての悪い気象条

ちょっと詳しく

世界を目指す国産ワインに刺さった“棘(とげ)”

世界に打って出ようという日本ワインですが，ある壁が存在します。ワインの容器，瓶の問題です。これには日本の慣習が関係していますが，どうしてでしょう？　お酒の容量表示は法律によってmLと決められています。しかし日本では戦前まで尺貫法が使われていたため，かつてのブドウ酒の量も普通瓶は清酒の四合瓶(しごうびん)と同じ720 mLで，伝統的に今もその容量で販売されています。一方，ワイン容量は国際的には基準があり，通常サイズの瓶は750 mLと定められています。このため輸出する場合は容量720 mLを750 mLに変更しなくてはなりません。30 mLというわずかな違いですがワイン製造者にとってはこれが大問題。零細経営の多い日本のワイン製造業者にとって，瓶や機械を新しくするための設備投資はかなりの負担になるのです。アメリカとは規制がなくなる見込みで，EUとは焼酎に関しては720 mLでOKになったのですが，ワインはどうなるのでしょう。ダメだったら価格を上げざるをえないし…どうしましょう!?

件と，1 本の木にたっぷり栄養を与える棚仕立てという伝統的栽培法が，高い糖度と特徴的な風味を必要とするワイン用ブドウの栽培に向かないということもありました。さらに経済的問題もあります。日本のワイナリーは規模が小さくコスト高になってしまうため，安価で良質な輸入ワインになかなか太刀打ちできないという事情があり，しかも最近 EU 産ワインの関税が撤廃されたため，さらに厳しい状況に立たされています。

3．日本ワインの認知に向けて　日本でのワイン生産量は EU 主要生産国の 2〜3% ですが，平成以降に 2 度のワインブームがあり，消費量は 30 年前の 3 倍以上になっています。国内でのワイン品質向上の気運も高まっていて，筆者は国産ワインの品質がかなり良くなってきたと感じています。原料のブドウ果汁を海外に依存するだけではなく，優れたブドウの苗木も導入されています。また，ワイナリーや醸造家の数も増え，国際コンクールで賞をとるワインも出てきました。2018 年 10 月には，日本で栽培されたブドウを 100% 使って国内で醸造された果実酒を「日本ワイン」と表示するという，「果実酒等の製法品質表示基準」の適用も始まりました。日本ワインの進撃はこれからでしょう。頑張れ，日本ワイン！

ビール
芳醇さ，苦味，泡，爽快感のハーモニー

ビールってどんなお酒？

通常は不快に感じる苦味をもつにもかかわらず，他に類のない爽快感をもたらし，食べ物にも合うお酒。それがビールです。本章ではビールについて述べることにします。

ビールは紀元前 5000 年頃の古代メソポタミアにはすでにあったと考えられています。紀元前 1700 年頃にはビール醸造所やビヤホールもあり，古代エジプトではピラミッド建設の報酬にビールが支給されていました。ビール醸造はその後イベリア半島を経てヨーロッパに渡り，ドイツ，フランス，イギリス，ベルギーなどがビール造りの中心になりました。キリスト教ではビールを液体のパンとよび，中世になると修道院でもビールが造られ，品質も向上して一般の人も飲むようになりました。ちなみに当時はビールにグルートとよばれるハーブを混合したものが使われていたので苦くはなかったのですが，12〜14 世紀頃からホップが使われるようになり，ビールの味が劇的に変わり，品質と保存性も格段に向上しました。

冷凍機が発明される以前，夏はビールがうまくできず，ドイツでは冬に仕込んだものをアルプスに貯蔵して夏に飲むという方法がとられていました。このビールは品質が良く，これをもとに後で述べる下面発酵酵母という酵母を用いて低温でじっくり発酵，貯蔵するラガービールができました。1842 年，チェコのボヘミア地方のピルゼンでラガーをもとにピルスナービールが発明されました。白い

豊かな泡立ちとすっきりとした味をもつ透明な黄金色のビールで，「心地良い苦味，優れたホップの香り，キレ味と良い飲み心地」という他を圧倒する品質で，またたく間にヨーロッパ各地にひろがりました。19世紀後半になると冷凍機，低温殺菌法，酵母の純粋培養というビール醸造にとっての三大発明があり，夏でもビールが造れるようになり，低温発酵で造るピルスナーは全世界にひろがっていきました。現在はこのスタイルのビールが世界の主流になっています。また，このような大量生産ビールとは別に，最近は職人個人々々が小規模醸造所で造る特徴のあるクラフトビールが増えており，人気が出てきています。

 ビールの原料は何？

ビールは基本的に，麦と麦芽，ホップ，水，酵母で造る発泡性の醸造酒で，日本ではアルコール濃度20％未満と定められています。ビールの原料は以下の五つです。

麦芽　麦芽は味やコクといったビールの味わいの土台，いわゆるボディーをつくります。日本ではおもに二条大麦の麦芽が使われますが，小麦麦芽を使う場合もあります。ビールに含まれるプリン体はおもに麦芽に由来します。

ホップ　ホップはビールに欠かせないつる性の多年性麻科植物ですが，ビール醸造には未受精の雌花（毬花（きゅうか））を使います。毬花内のルプリン粒という黄色い粒がビールに香りと苦味を与えます。ホップには食欲増進効果や防腐効果があり，含まれるタンニンはタンパク質を沈殿除去してビールにキレを与えます。ホップには苦味がおだやかで爽快感と上品な香りのアロマホップ，特に香りの良い最高級のファインアロマホップ，苦味のもとになるアルファ酸を多く含むビターホップといったいくつもの品種があり，目的に合わせて使い分けます。世界ではドイツ，アメリカ，中国，チェコなどで栽培されていますが，日本でも東北から北海道で栽培されています。

水　一般に淡色ビールにはミネラルの少ない軟水が，濃色ビールには硬水が使われます。日本では軟水が使われます。

酵母　酵母は麦芽に含まれる糖である麦芽糖を食べて発酵するビール酵母が使われます。ビール酵母にはおもに生物として別の種に属する上面発酵酵母（サッカロミセス・セレビシエ）と下面発酵酵母（サッカロミセス・パストリアヌス）があります。

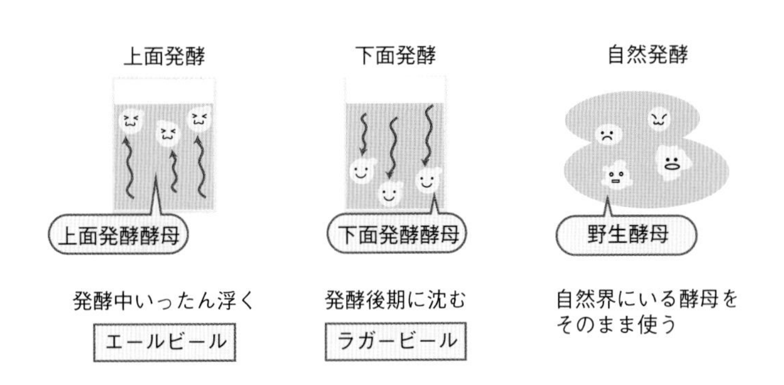

上面発酵酵母は比較的高めの温度で発酵し，発酵時に炭酸ガスとともに表面に浮かび発酵後期に沈みます。一方，下面発酵酵母は低温で麦汁中に分散しながら発酵を行い，発酵後期には集まって沈みます。一般に前者は華やかで甘く，味のあるビールができますが，後者は軽快ですっきりした味のビールができます。なお上記とは別に，野生酵母を使う特殊なビール（ランビックなど）もあります。

副原料　米，コーンスターチ，コーングリッツ，糖類が，ビールの味のバランスをとったり味に特徴をもたせる目的のため，必要に応じて加えられます。

ビールの造り方

次に日本で一般的なピルスナースタイルのビール造りについて説明します。ビール醸造所をブリュワリーといいます。

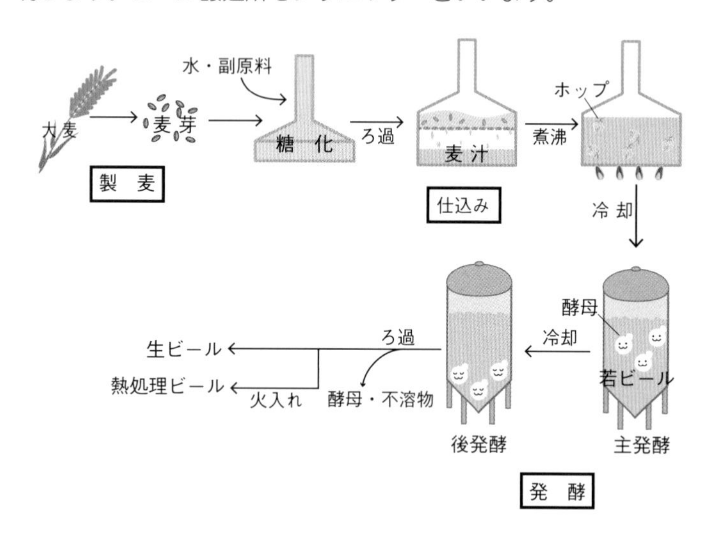

1．製麦（せいばく）　まず大麦を水に浸し，4～5日かけて発芽させて麦芽（モルト）をつくります。麦が発芽するときには根も出ますが，根は雑味のもとになるので除きます。こうしてできたものを緑麦芽といいます。10ページで説明したように，麦を水に浸すとアミラーゼというデンプンを糖化する酵素が活性化します。このアミラーゼによってデンプンが小さな糖に分解されます。つづいて麦芽の保存性を高めてビールに香ばしさと色をつけるため，緑麦芽を乾燥させた後に，50℃から徐々に温度を上げて80～85℃で煎（い）ります。この工程を焙焦（ばいしょう）といい，できたものを淡色麦芽といいます。この程度の温度での焙焦では酵素はまだ活性があります。100℃を超える高温で焙焦するとカラメル麦芽（中濃色ビール用）や黒麦芽（濃色

ビール用）になりますが，こうなると酵素が壊れるため，酵素が生きている淡色麦芽と混ぜて使います。

チェコのビール工場の仕込み室

2．仕込み　粉砕した淡色麦芽をお湯とともにタンクに仕込み，マイシェというお粥状にして糖化反応を開始します。糖化が終わったら残った籾殻（もみがら）をフィルターにしてろ過をし，きれいな麦汁にします。最初に出てくる麦汁を一番麦汁，お湯をかけて次に出てくるのが二番麦汁で，通常は両者を一緒にしてから煮沸します。キリンの『一番搾り』はこの一番麦汁だけを使っていることを売りにしていますね。煮沸により麦汁中の余計な微生物や酵素が働かなくなり，余分なタンパク質は沈殿して除かれます。煮沸中にホップを添加するとホップの成分であるフムロン（アルファ酸）が苦味をもつイソフムロン（イソアルファ酸）に変化し，麦汁にホップの香りとすっきりとした苦味がつきます。ホップの量と入れるタイミングによって苦味や香りを調整することができます。煮沸の終わった固形物の混ざった麦汁をワールプールタンクという旋回式分離装置に入れ，澄んだ麦汁を取出します。

3．発酵から出荷まで　発酵は主発酵と後発酵に分かれます。まず純粋培養されたビール酵母を冷却した麦汁に加え，数時間空気を通して酵母の化学反応全体を活発化させ，その後通気を止めて，下面発酵では5〜10 ℃で7〜10 日間，上面発酵では15〜25 ℃で3〜5 日間主発酵させます。できたもろみはアルコール濃度が4.5〜5%の未熟な若ビールとなります。この状態ではおいしくないので，後発酵タンクに移してさらにエールビールで約2 週間，ラガービー

ルで約１カ月間，約０℃で低温貯蔵しながら酵母を沈殿させ，熟成させて味を整えます（表９）。その後一次ろ過と仕上げろ過を行って酵母などの微生物を除きますが，火入れする場合はその後で行います。最後に炭酸ガス量を調整し，容器（瓶，缶，樽）に詰めて出荷します。加熱処理しないものは生ビール（ドラフトビール）になります（後述）。小規模で造るクラフトビールは一般にろ過も火入れも行わないため，低温保存が必須です。

表９　ビールの二大分類

	エールビール	ラガービール
歴　史	古　い	新しい
発酵方式	上面発酵	下面発酵
発酵温度	高　い	低　い
発酵期間	短　い	長　い
伝統的生産国	イギリス，ベルギー	ドイツ，チェコ
代表的スタイル	ペールエール，IPA，スタウト	ピルスナー，アメリカン，ヘレス

ビールの種類

１．ビールを分類する基準　　ビールの種類は非常に多く，酵母，麦芽やホップなどの原料，製法，処理方法，アルコール濃度，色調などに特色があります。ビールのタイプは，まず使用する酵母により，上面発酵酵母を使うエールビールと下面発酵酵母を使うラガービールに分けられます。副原料を減らして麦芽比率を上げるとコク，深み，苦味が強まりますが，副原料をまったく用いないものをオールモルトビールといいます。小麦麦芽を 20〜50％以上用いて上面発酵させたものは香りがよく，爽快な味に仕上がります。

またアルコール濃度によっても分けられます。標準（約4.5～5.5%）よりもアルコール濃度の低い（約4%以下）あるいは高い（約6%以上）ものを，それぞれライトビール，ストロングビールといいます。ビールのアルコール濃度は発酵だけでは約14%どまりですが，なかには凍らせて水分だけを除きアルコール濃度を30～65%にまで高めたバーレイワイン（バーレイは大麦のこと），アイスボックといったものもあります。ライトビールはアメリカのビールに多くみられます。

ビールは淡色ビール（ピルスナーなど），中濃色ビール（ペールエールなど），濃色ビール（スタウトなど）と，色調でも分類されます。淡色ビールのうち酵母がそのままの入った小麦ビールは白濁した外観からホワイトビール（白ビール）ともいわれます。他方レッドビールというものもあります。

このほか発酵を十分進めて糖分を少なくしたものをドライビール（ドライは辛口の意味），ビールを部分凍結させて成分の一部を沈殿・除去したものをアイスビールとよびます。これにより味が丸く，アルコール濃度が高くなります。

2．代表的スタイル　ビールは造り方，色調，味の特徴，アルコール濃度，副原料などにより100種類以上に分類されますが，ここでは代表的な9種類を中心に説明します。ビールの種別はスタイルとよばれます。

ピルスナー　下面発酵　ドイツでピルスとよばれるジャーマンピルスナーとチェコのボヘミアンピルスナーが中心です。美しい金色で，のどごしがよく，苦味もすっきりしていて，世界の大手メーカーが造る標準スタイルのビールです。日本のメーカーが手本にするジャーマンピルスナーのほうが色が薄く味もすっきりしています。ドイツ

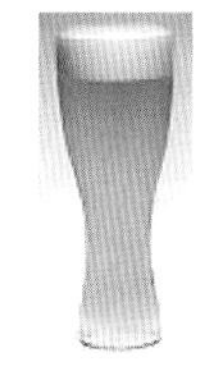

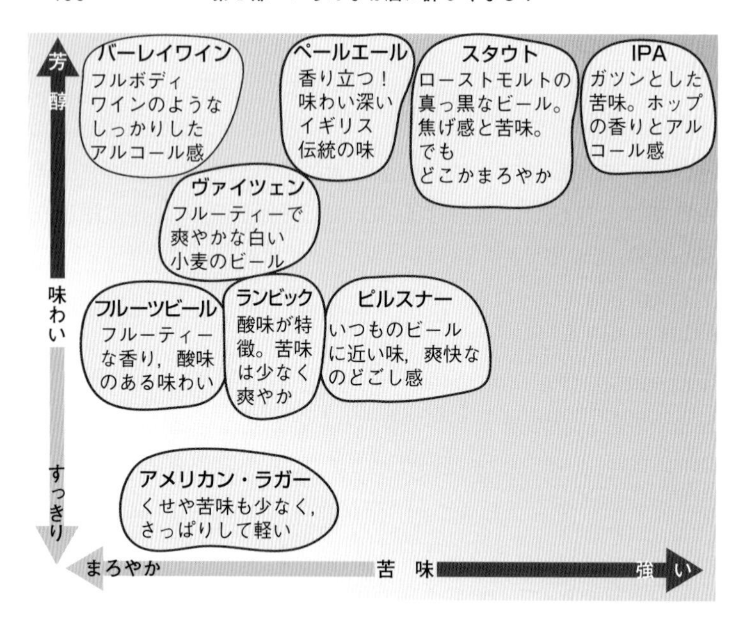

おもなビールのスタイル

のヘレスやドルトムンダーも似たスタイルです。

アメリカン・ラガー　下面発酵　アメリカで発展したアメリカの酵母とトウモロコシや米を使った軽めの淡色ビールです。キレのある味わいをもち，ホップなどの苦味は弱めです。

ペールエール　上面発酵　ペールとは淡色の意味ですが，実際は濃色より明るいという意味で，中濃色です。バートンエールともいわれるイギリス伝統の代表的エールで，ホップがきいた華やかな香りをもっています。アメリカン・ペールエール，ベルジャン・ペールエール，ビターエール，マイルドエールなど，多くのバリエーションが

あります。

IPA　上面発酵　IPAとはインディア・ペールエールの頭文字をとったものです。大英帝国時代にイギリスが植民地にペールエールを運ぶために開発されました。腐敗防止のためにホップを多くし，アルコール濃度を上げることで，長い船旅でも日持ちするようにしたスタイルに由来します。ホップの香りに加えて，苦味とアルコール感にインパクトがあります。

ヴァイツェン　上面発酵　ヴァイツェンは小麦のことです。南ドイツを中心とした小麦麦芽を50％以上使った淡色ビールですが，ドゥンケル・ヴァイツェンは濃色です。多くは酵母をろ過しないので白濁し，ヘーフェ・ヴァイツェン，ヴァイス（白）といわれます。炭酸ガスが多く，清涼感があり，フルーティな香りと爽やかな酸味が特徴です。

スタウト　上面発酵　18世紀後半にアイルランドで生まれた濃色エールで，モルトの焦げ感と舌ざわりが醍醐味（だいごみ）です。代表的な黒ビールで，ギネスが有名です。ドライスタウト，ストロングスタウト，スイートスタウト，アルコールの濃いインペリアル・ロシアン・スタウトなどのバリエーションがあります。

バーレイワイン　上面発酵　バーレイとは大麦の意味です。樽熟成で，アルコール濃度が8～12％と高いビールです。イギリスではフルボディのエールをバーレイワインとよびます。淡色，濃色どちらもありますが濃色が一般的です。

ランビック　自然発酵　ブリュッセル近郊で造られる，野生酵母で1～数年かけて自然発酵させる淡色ビールです。独特の香りと

酸味があります。保存のためホップをたくさん使いますが，苦味はあまりありません。他のビールで割るか甘味料を加えるのが一般的な飲み方です。フルーツと一緒に発酵させたフルーツランビックもあります。

フルーツビール　フルーティな香りを強く出したビールで，多くの場合，オレンジ，チェリー，木イチゴなどのフルーツを入れて醸造します。上面発酵を基盤とするものが多いですが，下面発酵や自然発酵を基盤にするものもあります。

ちょっと詳しく

ドイツのビール令

ドイツ人の真面目で頑固な気質を表すときによく引き合いに出される話です。1516年，南ドイツのバイエルン州の領主ウィルヘルム4世によって「ビールは大麦，ホップ，水だけで造る」という，いわゆるビール純粋令が発令されました。これにより南ドイツのビールの品質は向上し，州都ミュンヘンは毎年オクトーバーフェストという世界最大のビール祭りが開かれるなど，世界のビール造りの中心地の一つになりました。ビール純粋令はその後法律として引き継がれ，ビールには名実ともに“伝統食品”の地位が与えられました。ところがEC（欧州共同体）ができたとき，この法律が人，物，技術の移転を妨げる障壁として槍玉に上がったのです。そのため1987年，ビール純粋令はドイツ国内のビール業者が国内向けビールを製造するときにのみ適用されると変えられ，ドイツからの輸出ビールやドイツへの輸入ビールには適用されなくなりました。でもやはり，自分の国ではこれまで守ってきたものを変えたくなかったのですね。ビールに対する誇りと絶対的自信。ちょっとうらやましいです。

上記で説明したもの以外のスタイルを図にまとめました。

上面発酵

ケルシュ
ケルン特産の淡色ビール

アルト
ドイツの赤褐色濃色ビール

トラピスト
ベルギーのトラピスト派修道院で造られるさまざまな味わいの瓶中後発酵させた濃色ビール

下面発酵

ヘレス
南ドイツの淡色ビール

ドルトムンダー
ドルトムント地方の淡色ビール

ウィンナー・ラガー
オーストリア生まれの赤味がかった中濃色ビール。バランスのとれた味で，今はアメリカで人気

ドゥンケル
濃い，黒いという意味のドイツの濃色ビール

ボック
ドイツ アインベック発祥の淡色～黒褐色ビール

シュバルツ
黒いという言葉の香ばしいドイツの濃色ビール

ラオホ
ドイツの独特なスモーク香をもつ濃色ビール

日本のビール造りを見てみよう

日本でビール造りが始まったのは明治に入ってからで（ビールは麦酒と書いていました），横浜や札幌に醸造所がつくられました。明治中期にはビール産業が拡大し，日本人の嗜好にあった低温発酵のラガービールが造られましたが，資金力に乏しいメーカーが淘汰され，品質の高いラガービールを生産できる企業が五つ（アサヒ，キリン，サントリー，サッポロ，オリオン）残りました。この5社体制は1994年まで続きましたが，その後規制緩和により小規模醸造も可能になり，今日に至っています。1987年の『アサヒ・スーパードライ』発売以来，日本では辛口ビールが好まれるようになっています。日本のビールはピルスナースタイルのものとして優れた品質を誇っているものの，メーカーは統合，再編が進む国際化の波にさらされています。

生ビール論争

現在，日本のビールのほとんどは『生』です。ちなみに生ビールに相当する英語はドラフトビールです。ただ，飲み屋で「瓶ビールでなく，生ビール！」という会話が聞こえてくるなど，生ビールの認識には誤解が多いようで，筆者も昔は「ビールは生とラガーの2種類に分けられる」と思っていました。しかしすでに述べたとおり，ラガーは下面発酵させたものを低温で長期熟成させたビール一般のことで，生とは無関係です。たとえば『キリン・クラシックラガー』は加熱ビールですが，『キリン・ラガー』は生ビールです。

日本にはかつて生ビール論争というの

ちょっと詳しく

ビール人気の新しい波 クラフトビール

規制緩和の一環として 1994 年 3 月に酒税法が改正されて，ビール醸造規模の下限が 2000 kL から 60 kL に下がり，多くの小規模醸造所が誕生しました。いわゆる地ビールの登場です。地ビールは“ご当地ビール”という意味合いですが，“お土産品”にはなっても，地方の特色を出した良質な製品ができず，技術的に未熟な醸造所がしだいに淘汰され，2003 年頃から減少していきました。しかしその中でも，品質の優れたビールや特色のあるビールを造る醸造家が次つぎにこの分野に参入し，ここ数年は醸造所の数が増加に転じています。このような醸造所が造るビールは，造りにこだわることから，“手作り”の意味をもつクラフトの名がつけられ，クラフトビールとよばれています。クラフトビールの定義，日本にはまだありませんが，アメリカでは「小規模，独立性，伝統的製法」を満たしていることだそうです。クラフトビールブームによって，小さな醸造設備を併設したビアレストランやビールバーも増えています。クラフトビールが日本のビール消費全体をどれだけ底上げしているかはともかく，各メーカーは丁寧な仕事で味を追求し，原料を工夫して味に特色を出すなど日々努力しており，ビール好きにとっては嬉しい時代になりました。このように人気のクラフトビールですが，大手の中でもキリンやサントリーはそれぞれ『グランドキリン』，『東京クラフト』のブランドを展開してクラフトビールに力を入れています。若者を中心にビール需要を掘り起こそうという戦略があるのでしょう。大手が伸びてきたら，クラフトビールの意味合いも変わるかもしれませんね。どうなるでしょうか。

がありました。冷蔵設備の発達していなかった時代，ビールは火入れによる低温殺菌（パスツリゼーション）が当たり前でした。1967年，サントリーがミクロフィルターで酵母を除いた『純生』を生ビールとして販売すると，アサヒは火入れをせず酵母の入った生ビールを『本生』として売り出し，「酵母が入っていなくて『生』とよべるのか？」という生ビール論争が勃発しました。結局「生ビール（ドラフトビール）は火入れをしないすべてのビール」と決着し，現在では樽詰めのほか，瓶や缶でも販売されています。他方，海外でのドラフトビールの定義は国によって違います（表10）。

表10　生ビール(ドラフトビール)の適用基準

熱処理	容　器	日本	アメリカ	多くのヨーロッパ諸国	カナダ・メキシコ
有	樽	×	○	○	×
	瓶・缶	×	×	×	×
無	樽	○	○	○	○
	瓶・缶	○	○	×	×

英語のドラフトは“（樽の）外に出す”という意味をもっています。そのため，アメリカとヨーロッパの多くの国では樽に入っていれば加熱してもドラフトビールとよばれます。その他の国でも非加熱の樽入りはドラフトビールです。上記のように日本そしてアメリカでは非加熱であれば，瓶ビールや缶ビールもドラフトビールになります。

ビールをおいしく飲むには？

1．ビールを爽快に飲もう　　エールやラガーなどのスタイルにかかわらず，温暖多湿の日本で主流になっているビールは爽快感が最大の売りになっています。これらのビールは劣化しやすいので，できたてを味わうのが一番です。ビール工場で飲むビールがおいしい訳はここにあります。

チェコの『ブドヴァイゼル・ブドヴァル』の工場見学の後で試飲。今もアメリカの『バドワイザー』と商標を争っているらしい

爽快感を味わうために当然冷やしますが，冷やしすぎはビールの味がわかりにくくなり，泡もできにくくなります（次ページコラム参照）。おいしく飲むには泡を上手に利用することが重要です。ビールの泡はタンパク質と苦味成分のイソフムロンがつながった物質が炭酸ガスの気泡の周りについたものです。泡には，ビールが空気に触れて味が落ちたりビールから炭酸ガスが逃げるのを防ぐ効果，そして苦味成分を吸着して味をマイルドにする効果があります。キメ細かく厚みがある泡が良いとされ，泡がうまくできたビールが「あれッ？　苦くない！」と感じられるのはこのためです。泡もビールの一部ということですね。泡ができないように斜めにしたグラスに最初から最後までソ〜ッと注ぐ人がいますが，これはダメです！最初は勢いよく注いでグラスの高さの３割ほどの泡の層をしっかりつくり，その後グラスを斜めにしてゆっくり注ぎましょう。グラスが汚れていると泡が消えやすいのでグラスはきれいにしておく必要がありますが，意外にも，洗って水切りしたばかりの水がついた

ちょっと詳しく

ビールによって適温が違う ?!

「ビール！　冷えたいつものヤツ！」というとりあえずビール派でも，ビールの温度には注意しましょう。0 ℃といった冷やしすぎは禁物です。ラガービールの適温は 4～8 ℃です。これに対しエールはその香りがよくわかるように，それほどは冷やしません。10～12 ℃くらいでしょうか。スタウトなど，モルトの甘味を味わう場合はもう少し温めの 15 ℃くらいが良いですね。ペールエールや IPA など，ホップがきいたビールの場合，ホップの香りを楽しみたいならば 10 ℃くらい，苦味を感じたいならばそれより低めの 7 ℃くらいが良いでしょう。10 ℃は，ほぼ冷蔵庫の野菜室の温度です。「色が濃い」，「モルト香が強い」，「アルコール濃度が高い」ビールは温めの 8～15 ℃が良いとされています。はじめてのビールを入手した場合は参考にしてみてください。

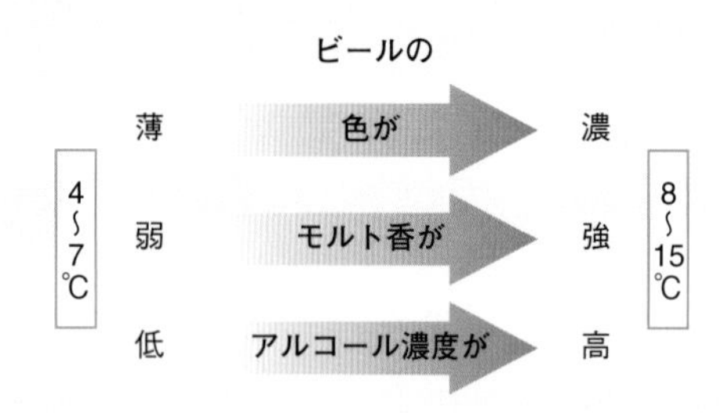

グラスのほうがうまく泡ができるそうです。きれいなグラスであれば泡が触れたグラス内部に“泡のリング”が残るはずです。観察してみてください。なお，苦味が持ち味の IPA などでは苦味を十分感じられるよう，逆に泡ができないように注ぐほうが良いそうです。

2．ビールグラスを選ぶ　ビールグラス（ビアグラス）を飲みやすさ，香りの感じやすさ，泡のできやすさなどを考えて使うと，ビールがもっとおいしく味わえます。爽快さを求めるのであれば，のどにビールが流れ込みやすい背の高いグラスが良いでしょう。ビールを勢いよく注げるので，きれいな泡がたっぷりでき，泡の効果で香りを閉じ込めることもできます。さらに口がすぼんでいると泡が圧迫されるので消えにくくなり，香りがいっそう持続するようになります。上部が膨らんでいるグラスにも香りを蓄える効果があります。華やかな香りを顔全体で感じたい場合には，お椀の形をした聖杯形という口の広いグラスが適しています。他方，デリケートな香りを感じとるには，香りをグラスに閉じ込めるとともに，飲むときに鼻で香りを直接感じられるようなチューリップ形が適してい

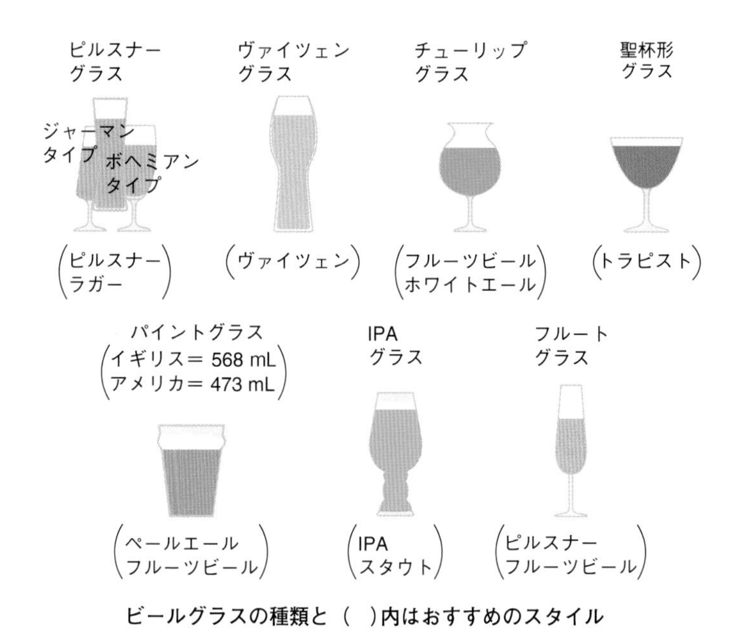

ビールグラスの種類と（　）内はおすすめのスタイル

ます。口がすぼまっているので泡もしっかり残り，香りを閉じ込めることができます。IPA 専用グラスは底にくぼみがあって飲むたびに泡を復活させるので，最後まで香りを楽しめます。ビールバーのなかには個々のビールのスタイルに合わせてグラスを変えているところもあります。前ページ図に代表的なビールグラスをあげました。

おいしくなったノンアルコールビール

アルコール分が 0～1% 未満までのビール風味の清涼飲料はビールテイスト飲料などとよばれますが，定まったよび方はなく，一般には，いまだに“ノンアルコールビール”とよばれていますね。

アルコール分が 0.4% でも四捨五入されて 0%と表示され，完全にゼロである保証がないため，以前はノンアルコールと表示してあっても厳しい目で見られていました。しかし最近は 0.00% など完全ゼロを強調した商品が市民権を得て，ドライブインにも置かれるようになっています。

ノンアルコールビールの製造法には，

① 膜を通して小さな物質を除く透析の原理でビールからアルコールを除くか，あるいはそのまま希釈する
② ビール醸造をアルコール 1％未満で止める
③ 単なる清涼飲料水に味付けする
④ 麦汁や麦芽エキスにいろいろな成分を加える

などの方法があります。最初の方法が一番味は良いのですが，日本ではいったんアルコールができてしまうとその後除いても“酒”扱いになってしまって「法的に問題あり」となるため，おもに最後の方法でつくられています。一昔前のノンアルコールビールはまずく，とてもビールといえる代物（しろもの）ではありませんでしたが，最近はかなりおいしくなってきましたね。

ちょっと詳しく

ノンアルコールでも酔えます!?

後で車の運転がある場合の飲み会の助けになるのがビール風味，ワイン風味，梅酒風味などのノンアルコール飲料です。不思議なことにこれらを飲んで“酔う”ことがあります。いわゆる“空酔い（からよい）”という現象で，酩酊はしませんが雰囲気に酔い，実際に顔のほてりや体温上昇といった変化が起こります。空酔いする原因は，脳が「お酒を飲んだ」と勘違いし，その記憶をよび起こそうとして指令を出し，体がそれに反応するという，一種のプラシーボ（偽薬（ぎやく））効果です。梅干しを見ると唾液が出る条件反射や想像妊娠もこれに近い現象です。空酔いは味わいが本物のお酒に似ていること，そしてお酒と思って飲むことで起こるため，お酒の味を知らない人や子供では起こりません。

ビール系飲料：発泡酒と新ジャンル

ビールの高い酒税を嫌い，また海外の安いビール系アルコール飲料に対抗するため，平成に入ると安価なビールテイストの“発泡酒”が発売されるようになりました。発泡酒とは麦芽を使用するものの，水とホップを除いた原材料の中に占める麦芽の比率が67％未満であるアルコール濃度20％未満の発泡性酒類です。発泡酒は一時売り上げを伸ばしましたが，その後税率が上がったため，今度は麦芽を使わずホップを加えたビールテイストの発泡性アルコール飲料である“新ジャンル”が登場しました。新ジャンルは俗に“第三のビール”とよばれますが，その実体は糖類，エンドウタンパク質などの穀物タンパク質，水，ホップ，一定の物品を使って醸造する“その他の醸造酒”，あるいはホップを使用した発泡酒に麦スピリッツを混和させた“リキュール”のいずれかです（表11）。新ジャンルは低税率かつ安価で味も良く，プリン体が少ないか，まったくないため健康志向にも合っており，消費量はビールの約50％にも達しています。

表11　現行のビール系飲料

ビール	醸造酒	麦芽・水・ホップ・法定副原料のみ使用 麦芽比率67％以上
発泡酒[注1]	醸造酒	麦芽を使用している。麦芽比率67％未満
新ジャンル[注2]	その他の醸造酒	糖類・エンドウタンパク質などの法定原料を使用 ホップを使用
	リキュール	ホップを使用した発泡酒に麦スピリッツを混和

注1　発泡酒はエキス分2％以上でアルコール分20％未満。アルコール分が10％未満と10％以上で税率が異なり，麦芽比率が高いと税率が上がる。
注2　新ジャンルはエキス分2％以上でアルコール分10％未満。

酒税法の改正とビール系飲料

1．酒税の税率が変更されます　酒税法が2017年に改正され，2020年10月から段階的に税率が変更されます。改正の要点の一つは税の簡素化で，お酒全体を発泡性酒類，醸造酒類，蒸留酒類とその中の焼酎，混合酒類の5種に大別し，それぞれに一つの税率をあてます。二つ目は酒類間の税率格差を縮めたことです。

酒税は直接税の一つで，年間約1.3兆円（2017年）が徴収されています。今でこそ歳入に占める酒税の割合はわずかですが，明治時代は約40％と主要な財源でした。でもお酒を買っても納税している実感はありませんよね。実は酒造メーカーが出荷時にまとめて納税しているのです。今回の法改正による税率の施行は基本的には

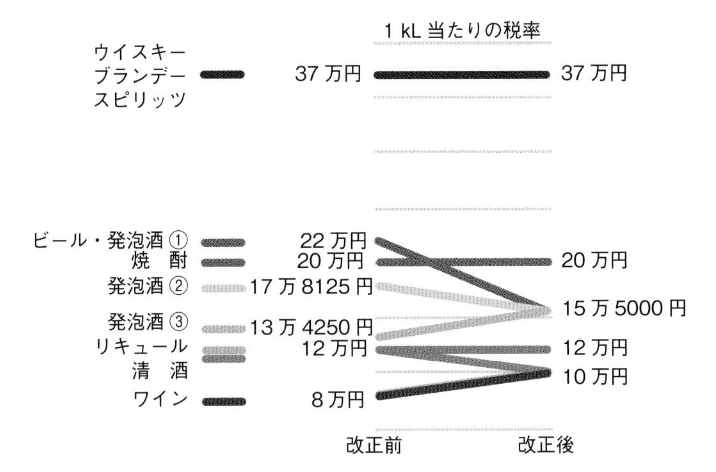

酒税の改正
（発泡酒 ①～③ は麦芽比率により税率が異なる）

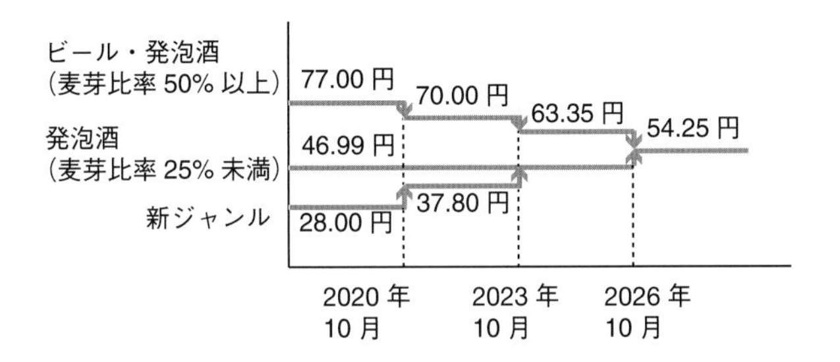

ビール系飲料の税率（350 mL 当たり）
（2020 年 10 月以降，麦芽比率が 50%以上に変更される）

2020 年 10 月ですが，税率の変化が大きい醸造酒類は 2020 年 10 月と 2023 年 10 月の 2 回に分けて，さらにビール系飲料は 2020 年 10 月，2023 年 10 月，2026 年 10 月の 3 回に分けて行われます。

2．ビール系飲料の税率が一本化され，定義も変わります　ところでビール系飲料の税率が飛び抜けて高いこと，知ってますか？アルコール 1%，1 L 当たりの酒税は多くは 8〜10 円ですが，ビールは何と 44 円，発泡酒は 32〜24 円，新ジャンルは 16 円です。これはかつてビールが冷やして飲む高級品だったことの名残(なごり)です。今でも 350 mL ビールの酒税は 77 円と高額です。この対抗策としてメーカーが考えたのが麦芽比率の低い，つまり税金の安い発泡酒や新ジャンルでした。いったんはよく売れたのですが，その都度，税率が上げられてしまい，現在発泡酒は低迷し，新ジャンルは頭打ちになっています。

このような場当たり的税率変更が批判されたため，法改正では将来出現するお酒の可能性も考えて，新ジャンルと発泡酒とビールの税率を一本化することになりました。結果的に，発泡酒と新ジャンルの税率は上がり，ビールは下がります。今回の法改正ではビール

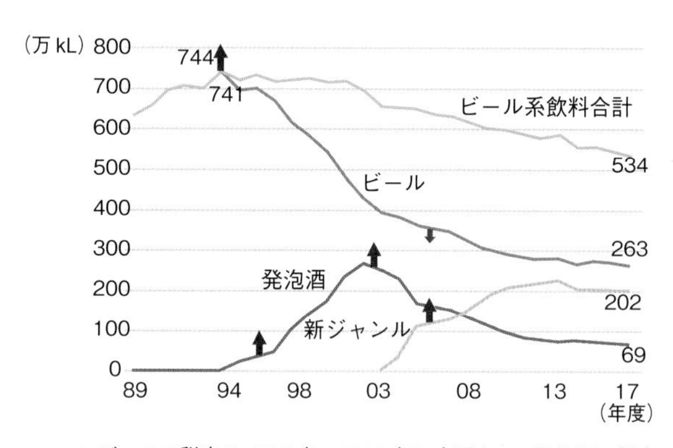

＊ ビールの税率は 1994 年，2006 年に変更され，発泡酒の税率は 1996 年，2003 年に変更され，新ジャンルは 2006 年に税率が改正された。上向き矢印は増税，下向きは減税

ビール系飲料の販売量の推移

の定義も変更されました。現行では麦芽比率が67％以上とされていますが，これが50％以上に下げられました。また，副原料もハーブ類，香辛料，果実，調味料などといった多くのものが認められ，さらに本発酵後に加えることもできるようになりました。これにより外国産ビールのような多様な製品を日本でも“ビール”として造り，飲めるようになります。うれし〜い！

国が違えばビールの飲み方も…

日本でビールといえばほとんどラガーであり，例外なくよく冷やして飲まれます。日本の気候を考えれば，クセがなく苦味の少ない爽快なビールをガブガブ飲むこの飲み方，筆者も大好きです。でもこの飲み方，万国共通ではありません。とりわけヨーロッパの涼しい地域では，濃淳なスタイルのビールが飲み継がれているという伝統もあり，味と香りがよく感じられるようにビールをあまり冷やさず，味を確かめながらじっくり飲むということが多々あります。109ページでも述べた，ビールのスタイルにあわせてデザインされた専用グラスで少しずつゆったり飲む光景をよく目にします。ビールをカクテルの材料に使うこともあります。筆者がとあるホームパーティーに招待されてビールを飲んでいると，ホストが「何かで割らなくていいの？　本当に？（念押し）」と聞いてくるのです。他のお客さんは果汁やリキュールやスピリッツなどを入れたビールを歓談しながら飲んでいました。その場のシチュエーションではビールをカクテルにして飲むのが普通だったみたいで，ホストは逆に私の飲み方が妙だと感じたようでした。

ウイスキー
スモーキーで複雑な香味の蒸留酒

ウイスキーってどんなお酒？

日本のウイスキー造りに人生をささげた竹鶴政孝とその妻の生涯を描いたテレビドラマ『マッサン』のヒットや，現在のハイボールブーム，そして日本ウイスキーの世界的評価の高まりから今ではウイスキーに興味をもつ人がとても増えてきています。そんなに評判の良いウイスキーって，いったいどんなお酒なのでしょう？

ウイスキーは発芽させた麦芽を使って原料の穀類中のデンプンを糖化させ，糖の発酵で生じたアルコールを蒸留したもので，木樽での熟成によって甘く繊細で複雑な香りの琥珀(こはく)色のお酒になり，多くは焦げたような香りを放ちます。

ウイスキーは12世紀以前にアイルランドで生まれ，それがスコットランドに伝わり，16世紀以降はモルトウイスキーが盛んに造られました。ウイスキーの語源はゲール語の『命の水』ウシュク・ベーハーに由来します。これがスコットランドでウスケボーとよばれ，ウイスキーの名前になったとされています。18世紀にはトウモロコシが原料のグレーンウイスキーも造られていました。19世紀になって連続式蒸留器が発明されて高純度のグレーンウイスキーが大規模に造られるようになり，それを機に，現在の主流である飲みやすいブレンディッドウイスキーが商品化されました。木樽による熟成が本格的にはじまったのもこの頃からです。アイルランドからスコットランドにかけての地域で生まれたウイスキーは，現在ではアメリカや日本を含む多くの国で造られています。

世界の五大ウイスキー

ウイスキーの主要生産国とそのタイプは，スコットランドの「スコッチウイスキー」，アイルランドの「アイリッシュウイスキー」，アメリカの「アメリカンウイスキー」，カナダの「カナディアンウイスキー」，そして日本の「ジャパニーズウイスキー」で，これを世界の五大ウイスキーといいます（表12）。

表12　おもなウイスキーの生産地

生産国	ウイスキーのタイプ	特　徴
スコットランド（イギリス）	スコッチウイスキー	ピートの香り 重厚な味わい
アイルランド	アイリッシュウイスキー	大麦の香り 軽くまろやかな味わい
アメリカ	アメリカンウイスキー	色が濃く甘く香ばしい新樽の香り。バーボンやテネシーウイスキー
カナダ	カナディアンウイスキー	ライ麦を使用。軽快でマイルドな味わい
日　本	ジャパニーズウイスキー	控えめなピート感。華やかな香りと熟成香。味わいは多様

スコッチウイスキー　蒸留所はイギリスに100箇所以上ありますが，その多くはスコットランド北部のハイランド，スコットランド南部のローランド，キンタイアー半島のキャンベルタウン，そしてアイラ島の4箇所に集中しています。スコッチウイスキーは伝統的に麦芽の乾燥にピート（泥炭）が使われ，アイラ島のモルトウイスキーのようにピート香が明確なものが多いですが，最近は

ピート香を抑えたものも増えています。重厚な味に仕上がる2回蒸留が中心ですが，なかには軽快な味にするため，蒸留を3回以上行っているところもあります。ピート香はフェノールという揮発性物質に由来しますが，この物質の量によりライトピート，ミディアムピート，ヘビーピートに分類されます。

アイリッシュウイスキー　アイリッシュウイスキーはモルト原酒にグレーンウイスキーをブレンドするという方法で造られ，木製容器で3年以上貯蔵されます。モルトウイスキー製造に未発芽の大麦とライ麦，そしてピート処理を行わない麦芽を使って蒸留を3回行うため，麦が香る軽くまろやかな風味になります。

アメリカンウイスキー　アメリカンウイスキーの中で最もよく知られているのはバーボンウイスキーです。原料の51〜80%程度がトウモロコシで，連続式蒸留でアルコール80%以下の蒸留液を集め，それを内部を強く焼いたアメリカンホワイトオークの新樽で2年以上熟成することが決められており，他のウイスキーとは明確に異なる香味をもちます。トウモロコシ（またはライ麦）の比率が高いと柔らかい（または油を感じる）酒質になります。トウモロコシが80%を超えるものをコーンウイスキーといいます。仕込み時に蒸留かすの上澄みを少し加えるサワーマッシュというバーボン特有の工程がありますが，この工程によって麦芽による糖化が良くなり，酵母の栄養にもなるので，できる原酒の香味が良くなります。ちなみにバーボンの名はケンタッキー州の郡の一つ“バーボン（Bourbon）”に由来しますが，この土地の名は，アメリカ独立戦争でアメリカに味方したフランスのブルボン（Bourbon）王朝に敬意を表してつけられました。

筆者愛飲のバーボン
日本未発売？

高温で貯蔵するために色が濃く，甘く香ばしい樽香があります。日本に入ってきているバーボンウイスキーの大部分は，樽詰め時のアルコール濃度が62.5％以下で2年以上貯蔵された“ストレートバーボン”です。テネシー州で造られるバーボンスタイルのウイスキーはテネシーウイスキーといい，原酒を楓の炭でろ過するのでソフトな香味になります。

カナディアンウイスキー　連続式蒸留によって造られる二つのタイプの原酒，すなわちトウモロコシが原料で軽快な香味の原酒“ベースウイスキー”と，麦が原料で複雑な香味のきいた原酒“フレーバリングウイスキー”をブレンドして造られます。クセのないクリーンなベースウイスキーの比率が高く，使用済みの樽で熟成させるため，軽快で穏やかな味わいになります。

ジャパニーズウイスキーについては後で説明します。

 スコッチウイスキーの造り方

1．モルトウイスキー

麦芽　大麦を吸水・発芽させて麦芽としたものを，吹抜け塔のある煙室（キルン）に入れ，ピート（泥炭）と無煙炭を混ぜたものを下から焚いて麦芽を乾燥，燻煙します。この工程はデンプンを分解するアミラーゼの効力が失われないように，60℃以下，たとえば32℃で1日，または50℃で2日間行います。これによって麦芽にスモーキー香やピート香といった煙でいぶされた燻製のような独特の香りがつきます。

北海道余市のウイスキー工場

仕込み（糖化）　麦芽を砕いたもの

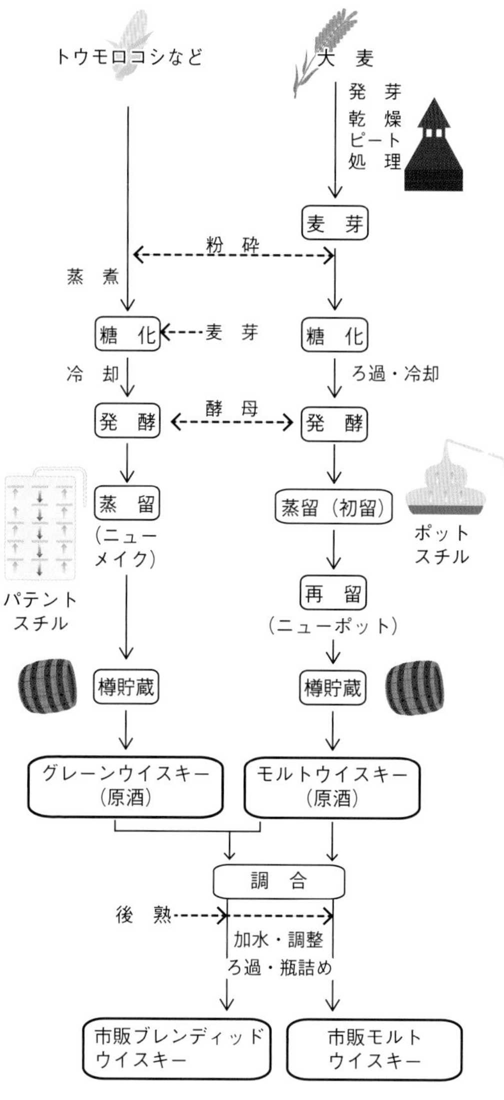

モルトウイスキーとグレーンウイスキーの造り方

に温水を入れてマッシュという粥状にし，温度を 60 ℃程度に保ちながらデンプンを糖化します。糖化の終わったマッシュからもみ殻を除き，きれいな麦汁を得ますが，麦汁が澄んでいるほど，味わいの軽い，果実の香りがするウイスキーに仕上がります。

発酵　発酵はステンレス製か木製の発酵槽を使います。木製樽は雑菌を抑えるには不利ですが，保温性が良く，香味が出て乳酸菌も棲みつくので，発酵に有利といわれています。まず麦汁に酵母を加え，30 ℃という高めの温度で 2 日間だけ発酵させてアルコール濃度を 7〜8％にします。ここまでの過程はビール醸造に似ていますが，発酵中は糖化も進むのでアルコール濃度はビールより高くなります。発酵の終期になって酵母が死ぬと酵母から種々の栄養素が出て，ウイスキーの芳醇な香りを生み出します。つづいてそれを利用する乳酸菌が増え，もろみが酸性になってウイスキーの風味が増します。もろみの熟成により，「フルーティ」，「アルデヒド様」，「油っぽい（ファッティ）」，「硫黄様」といったウイスキーの香味が生まれます。

蒸留　発酵の終わったもろみを大きな銅製の単式蒸留器 ポットスチルで蒸留します。もろみの酸性によって銅の表面がきれいになり，香味を悪くするもろみ由来の不純物がよく吸着されるように

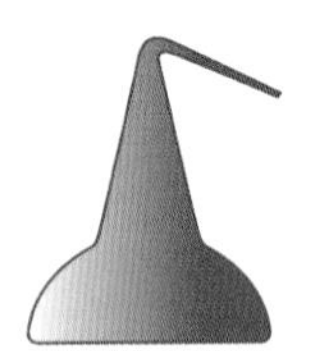

ストレート型
表面積が小さく，重厚な風味になる

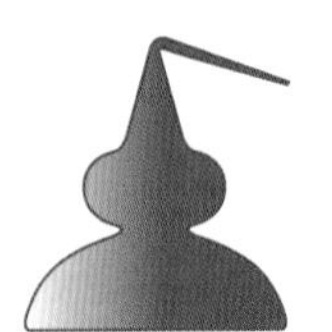

バジル型
やや丸みのある形
軽快な風味になる

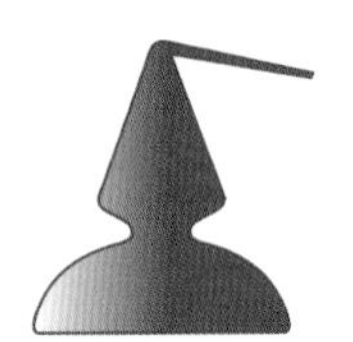

ランタン型
ひょうたんのような形
軽快でシンプルな風味になる

初回蒸留釜（初留釜）の形

なります。蒸留釜の形はウイスキーの出来に影響します。釜にはさまざまな形がありますが，蒸発後に液化したものが釜に戻る量が多いほど酒質が軽くなります。

直火で加熱すると香ばしく重厚な酒質になり，間接加熱では逆の酒質になります。蒸留は連続して 2，3 回行います。初回の蒸留（初留）で，アルコール濃度が約 3 倍になったアルコール分約 20% のローワインといわれる蒸留液が得られるので，それを再度蒸留（再留）してアルコール濃度 60〜70%の蒸留液を集めます。蒸留したての無色透明の新酒をニューポットといいますが，まだ荒々しいため樽木の成分の溶け出しに最適な 62% 程度のアルコール濃度にしてから，3〜15 年間樽貯蔵させます。

余市工場のポットスチル。しめ縄がある！

2．グレーンウイスキー　調合用グレーンウイスキー造りのためにトウモロコシや未発芽小麦を用い，それを糖化させるために，デンプン分解力の強い麦芽を穀類の 1〜3 割加えます。トウモロコシを砕き，蒸し煮後，温度を 65 ℃に下げて粉砕麦芽を加えて糖化します。温度を下げてから酵母を入れて 3 日間発酵させます。できたもろみはそのまま連続式蒸留器（パテントスチル）で蒸留し，アルコール分約 94%の蒸留液（ニューメイク）を取出し，加水して 3 年以上樽貯蔵します。グレーンウイスキーはモルトウイスキーと比較するとアルコール以外の成分が少なく，軽い感じで，ブレンディッド（調合）ウイスキーのベースに適しています。通常，蒸留所で造るスコッチウイスキーの 70％はグレーンウイスキーです。

3．スコッチウイスキーの種類　スコッチウイスキーは原酒をどのように製品にするかによって表 13 のように分類されます。このほか，あまり多くはありませんが，単一の樽（カスクあるいはバレル）の原酒のみを使ったシングルカスク（バレル）ウイスキー，原酒を加水しないでそのまま瓶詰めするカスク・ストレングス・ウイスキーというものもあります。

表 13　スコッチウイスキーの分類

モルトウイスキー	シングルモルトウイスキー	単一の蒸留所のモルトウイスキーのみを調合したもの
	ヴァティッドモルトウイスキー	複数の蒸留所のモルトウイスキーを調合したもの
	ブレンディッドウイスキー	複数のモルトウイスキーと数種類のグレーンウイスキーを調合したもの
グレーンウイスキー	シングルグレーンウイスキー	単一の蒸留所のグレーンウイスキーのみを調合したもの
	ヴァティッドグレーンウイスキー	複数の蒸留所のグレーンウイスキーを調合したもの

ウイスキーの仕上げ：樽熟成

ウイスキー原酒は貯蔵期間中に熟成します。熟成中に酸化や各成分の化学反応が起こるとともに，木からさまざまな成分が出てポリフェノールに変化し，ウイスキー特有の琥珀（こはく）色と味がつくられます。樽のサイズは180〜480Lといろいろですが，小さいものほど，気温が高いほど熟成スピードが速くなります。ウイスキーは気温の高いインドでも造られていますが，熟成期間は通常の3分の1で済むそうです。熟成期間が長いほどウイスキーの質は良くなりますが，この点は熟成に最適期間があるワインと違います。熟成期間中，年3%の割合で原酒が蒸発によって失われますが，これを俗に“天使の分け前”といい，熟成が進むためには避けられない現象と考えられています。

貯蔵は木の樽で行いますが，木からの溶出成分がウイスキーの香味を決めるため，樽の材質は非常に重要です。樽材としてはおもにシェリー樽に使われる欧州産のコモンオーク，コニャック樽に使われるセシルオーク，バーボン樽に使われる北米産のホワイトオークが使われます。オークは木の目が細かいので液もれが少なく，材質特有の「香辛料の香り」，「甘く芳醇な香り」，「渋くスパイシーな香り」がウイスキーにつきます。日本ではオークの代用としてミズナラ（ジャパニーズオーク）を使う場合がありますが，ミズナラは木質が柔らかくて液がもれやすく，大きな材がとれないなどの欠点があるものの，ウイスキーを長期熟成させたり何度も使っていくと，ウイスキーに伽羅（きゃら）や白檀（びゃくだん）といった高貴な香木（こうぼく）の香りに加えてパイナップルやココナッツを思わせる香りがつき，その芳醇な香味がジャパニーズウイスキーの価値の一つになっています。生木（なまき）の不快なにおいを防ぐために樽は古いものを使うか使う前に内部を焼きますが，これによりウイスキーに香ばしい香りがつき，焦げてできた炭（すみ）が不快な香りを吸収します。バーボンではチャーといわれる独特の方法で内部を強く焼いた新樽を使いますが，この処理によって木の成分がブドウ糖やバニリンなどに変化し，ウイスキーにバーボン特有の甘い香りが移ります。バーボンを除き，樽は作り直したり内部を削ったり，あるいは焼いたりしながら，約70年間何度も使われます。

 原酒のブレンディング

樽に貯蔵されている原酒は樽ごとにみな品質が違います。このため，同一製品の味と香りを複数のロットで揃えるには，熟練した専門の調合職人（ブレンダー）によって複数の原酒を調合して目的の味わいにする調合作業（ブレンディング）が必須です。モルト原酒とグレーン原酒を合わせるブレンディッドウイスキーではとりわけ多くの原酒がブレンドされます。グレーンウイスキーの比率は50～80%です。調合後に個性の弱い樽で一定期間貯蔵して落ち着かせ，その後アルコール濃度が40%前後になるように加水し，ろ過後瓶詰めして製品にします。以上のようにブレンディングは原酒を造るのと同じくらい大変かつ重要な工程で，それには蒸留所がもつ調合に関する膨大なデータと，ブレンダーの味と香りに対する繊細で正確な記憶力，表現力，推察力が必要とされます。いつものウイスキーを飲むときの「このウイスキーは確かにこの味だよね！」という安心感は，そのような努力の賜（たまもの）なのです。

 評判のジャパニーズウイスキー

テレビドラマ『マッサン』でご存知の方もおられるでしょうが，日本のウイスキー造りは1920年代，壽屋（ことぶきや）（現 サントリー）の鳥居（とりい）信治郎（しんじろう）とそこの技術者で後にニッカウヰスキーを興（おこ）した竹鶴政孝（たけつるまさたか）により，スコッチウイスキーを手本に始まりました。戦後生産が伸びましたが1989年あたりから減少していきました。しかし日本人に合った製品が開発され，昨今のハイボールブームもあって2008年頃から再び増加に転じています。また国際コンクールでの受賞が続

き，評判も高まっています。

日本では純粋なモルトウイスキーやグレーンウイスキーにアルコール，スピリッツ，香味料，色素を添加しても，蒸留時のアルコール濃度95%以下の原酒が10%以上含まれていればウイスキーと認められます。実際に造られているウイスキーの多くはモルトウイスキーとブレンディッドウイスキーで，造り方はスコッチウイスキーに準じます。ピート香は控えめな反面，華やかな香りと熟成香

ロンドンのパブで「おいしいスコッチを」と頼んだら…

数年前の出来事です。友達ご夫婦を含む計6人で，ロンドンを旅行していて，夕食の後でキングス・クロス駅近くのパブに入りました。最初ビールを飲んでいたのですが，しばらく経った頃，せっかくイギリスに来たんだから記念にスコッチを飲もうということになり，バーテンダーに「マスター!!　おいしいスコッチ，ロックで二つお願い!!」と注文しました。ワクワクしながら待っていると，バーテンダーが「はい，good ウイスキー『山崎』です！」と言ってウイスキーの入ったグラスを運んで来てくれたのです。2人で思わず顔を見合わせ，ウイスキー通の友人が一口飲んで「確かに山崎だ！」と納得するも，「これでよかったかどうか，微妙だね」と苦笑するしかありませんでした。日本人と知ってのジョークなのか，はたまたジャパニーズウイスキーを知らない客にそれを教えてあげようとしたのかは不明ですが，「日本のウイスキーは本当に評判が良いんだな～」と実感した夜でした。

が高く，コクのあるものからソフトな味わいのものまで多様な味わいがあります。日本人に合う繊細で絶妙な香りと味のバランスと，心地良い舌触りと飲みやすさがあり，食事に合うように渋みや苦味は抑えられています。長期熟成させた高級品の熟成感は実に秀逸です。日本では水割りで飲まれることが多いため，加水しても味わいが崩れないような造りになっています。

 日本のウイスキーの原酒不足が心配です

少し前，サントリーから「『響 17 年』はしばらく販売を休止します」というアナウンスがありました。売れ過ぎて生産が間に合わないのです。『響』だけではありません。『山崎』や『白州』，ニッカの『竹鶴』や『余市』など，高級品は今やすべてが入手困難となっています。「工場をフル稼働させればいいだろう」と言う人もいますが，おわかりのようにある品質以上のウイスキーは原酒を造るだけでも 3〜10 年，高級製品に至っては 15〜25 年以上かかり，簡単ではありません。かなり不安定なビジネスモデルですが，しょうがありませんね。原酒不足の原因は二つあります。一つはかつてウイスキーが不調だった時期に原酒の製造を減らしてしまったこと，そしてもう一つはここ 10 数年来のウイスキー人気の高まりです。加えて，投機的な動きや“買い占め”もあるようです。人気のきっかけはテレビドラマ『マッサン』，CM で誘導されたハイボールブーム，そして国際コンテストでの受賞などいろいろです。ベースになる安いウイスキーは輸入できても，上質なブレンディッドウイスキー製造，ましてやシン

筆者愛飲の『竹鶴 12 年』残り少しに・・・

グルモルトウイスキーへの道は独力で拓くしかありません。応援しながらもとに戻る日を待ちましょう。

ウイスキーの飲み方

ウイスキーには以下のようないろいろな飲み方があります。グラスに注ぐ量でよく使われる言葉，シングル，ダブル，ジガーはそれぞれ1オンス，2オンス，1.5オンスのことで，1オンスはイギリスでは28.4 mL，アメリカでは29.6 mLです。

シングルモルトグラス

ストレート

テイスティンググラス

トゥワイスアップ
利き酒

ロックグラス
タンブラー

ストレート
ロック

ショットグラス

ストレート
（バーボン）

ストレート　小振りのチューリップ形テイスティンググラスかシングルモルトグラスでそのまま飲みます。チェイサーとよばれる水（和らぎ水）と交互に飲むと体に負担がかかりません。タンブラーで飲む場合もあります。少量を一気に流し込みたい人は小型のショットグラスを使うようです。

トゥワイスアップ　テイスティンググラスにウイスキーを少し入れ，同量の室温の水，できれば軟水のミネラルウォーターで割ります。アルコール刺激が弱まり，ウイスキーの味と香りを感じやすくなります。利き酒もこうして行います。

水割り　日本独特の飲み方です。強いアルコールが苦手で，お酒を料理とあわせて飲むことの多い日本人に合った飲み方です。

ロック　太めで背の低いロックグラスに大きめの氷とウイスキーを入れて飲みます。最初は濃く，だんだん薄くなるという変化を楽しむことができます。

ハーフロック　ウイスキーを水で等量に割ったものを大きめの氷を入れて飲みます。水割りとロックの中間の飲み方です。

ミスト　細かく砕いた氷をグラスに敷き詰め，そこにウイスキーを注いだものです。

ウイスキーソーダ　ウイスキーを炭酸水で割った飲みものの名前ですが，日本ではこれをハイボールといいます。氷を入れた大きめのグラスにウイスキーと炭酸水を注ぎます。

ちょっと詳しく

ハイボールの語源は？

なぜウイスキーソーダをハイボールというのでしょうか？　諸説ありますが，有力なものは以下の二つです。

一つ目はスコットランドのゴルフ場でウイスキーソーダを飲んでいた人が「何を飲んでるの？」と聞かれたとき，高く打ち上げられたボールが飛んできたので，思わず「High ball（ハイボール）！」と言い，それが飲み物の名前になったという説です。二つ目は，19 世紀のアメリカでは鉄道の信号として気球（ボール）を高く（ハイ）上げることが「Go」の合図だったのですが，セントルイスにウイスキーソーダの好きな信号手がいて，飲むたびにハイボールと言っていたという説があります。日本ではゴルフボール説が強いようですが，アメリカでは鉄道信号手説が優勢らしいのです。

ブランデー
果実のアロマ薫る命の水

ブランデーってどんなお酒？

諸説ありますが，ブランデーの歴史は比較的新しいとされています。13 世紀，医師でもある錬金術師がワインの蒸留を行い，気付け薬としていたという記録があります。ブランデーは 16〜17 世紀頃，フランスのコニャック地方で生産過剰になったワインの処理法として生まれました。ワイン交易のオランダ人が長期船輸送に向かないアルコール度数の低い余剰ワインを蒸留して貯蔵の問題を解決したのがコニャックの始まりで，17 世紀には商業的に発展しました。このお酒，フランスでは「焼いたワイン（ブルュレ・ヴァン）」とよばれており，そのオランダ語（ブランデ・ヴァイン）がイギリスでブランデー・ワインとなり，ワインがとれてブランデーになりました。17 世紀には 2 回蒸留のアルコール分の高いお酒になり，さらにオーク樽で長期貯蔵することによっておいしくなることがわかり，今のようなスタイルになりました。

実はブランデーとは果実で造ったワインを蒸留したお酒の総称で，ブドウからつくるグレープブランデーとそれ以外の果実から造るフルーツブランデー，そしてワインのしぼりかすからつくるかす取りブランデーに大別できます。ただ一般にブランデーというとグレープブランデーを指し，フルーツブランデーは果実の名前をつけてアップルブランデーなどといいます。コニャック，カルバドス，グラッパといったフランスの伝統的ブランデーは「ブランデー」をつけずによばれます。なおコニャック，アルマニャック，カルバドスという名称はフランスの国立原産地名称研究所が認定したAOC（原産地呼称），いわゆる地理的表示で，他の地域のものは単にフレンチブランデーといいます。

ブランデー
- グレープブランデー（例：コニャック，アルマニャック）
- フルーツブランデー（例：カルバドス，キルッシュ）
- かす取りブランデー（例：グラッパ，マール）

コニャックの造り方と特徴

コニャックに使用される白ブドウはおもにユニブラン種，別名サンテミリオン種で，酸度が高く糖度はさほど高くありません。高い酸度は雑菌を抑制し，その結果香り成分の生成が高まります。糖度が比較的低いため，できるワインのアルコール濃度はあまり上がりません。このため蒸留で同じ量のアルコールを得ようとすると，より多くのブドウもろみが必要となり，結果として香味に必要な果実成分が蒸留液にたくさん入ることになります。

1．ワインの醸造　まずワインをつくります。種の油分が蒸留液に入って酒質が悪化しないよう，果実をつぶすときは種がつぶれないようにします。ワインのアルコール濃度を上げすぎないように，発酵は果皮付着の自然酵母で穏やかに行い，アルコール濃度を高めるための糖の追加もしませんし，ワイン醸造で必須だった亜硫酸添加も蒸留液の品質を悪化させるので行いません。高い酸度により雑菌が増殖しないので，亜硫酸なしでも順調に発酵します。糖を完全に発酵させるとアルコール濃度は約8%になります。ワインと空気の接触をなるべく避け，発酵が終わったらすぐに蒸留します。

2．蒸留　ブランデーに必要な香気成分が蒸留釜の表面で生じやすいので，小型の銅製の単式蒸留器（シャラント式蒸留器，シャラントポット）に発酵液を入れ，直火で加熱します。

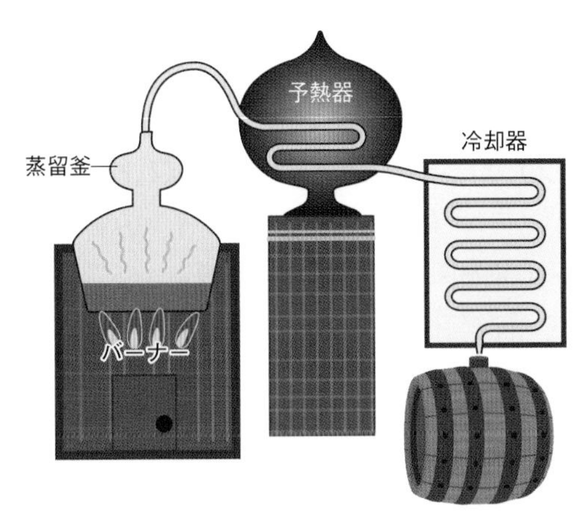

シャラント式蒸留器（シャラントポット）

蒸気が“白鳥の首”といわれる細い管内で冷やされて液体になりますが，ウイスキーのときと同じく，出てくる蒸留液の中間部分を集めます。最初の蒸留（初留）で集めた蒸留液のアルコール濃度は約28%で，少し濁っています。つづいての蒸留（再留）で集めた蒸留液のアルコール濃度は約70%になります。蒸留は冬に行い，3月31日までに終えることになっています。

3．樽貯蔵から瓶詰めまで　透明な新酒の貯蔵は内部を軽く焼いたオーク樽で行います。樽は繰返し使えますが，使用するほど樽成分の溶け出しが減ってきます。貯蔵は最低でも2年間行い，ここで熟成が進み，琥珀色に色づきます。貯蔵後の原酒は味と香りを合わせるためにブレンダーによって調合され，加水でアルコール分を調整し，必要に応じて糖やカラメルで味と色の調整を行います。その後，再度樽に詰めて一定期間貯蔵・熟成させます。最終的にアルコール分を約 40〜43% にし，低温ろ過後，瓶詰めします。

4．特徴 コニャックはブドウ果実に由来する華やかで果実を感じる香りと，樽熟成によってまろやかになった調和のとれた香味が特徴で，とりわけ良質のコニャックはブドウの芳潤(ほうじゅん)な香りが際立ちます。コニャックの産地はコニャック地方のグランド・シャンパーニュやプチット・シャンパーニュとよばれる地域です。なおこの“シャンパーニュ”はスパークリングワインの産地であるシャンパーニュ地方とは無関係な，町の名前です。

5．コント ブランデーは種々の原酒が混合されているので基本的にビンテージは記載されず，その代わり“コント（酒齢）”に基づく独自の熟成年数表示がとられています。使用した原酒の中で最も若い熟成期間の満年齢がコントになります。ただ，実際にはコント以上の古い原酒もいろいろブレンドされており，平均熟成年数は各コントの約 2〜4 倍の長さになります（表 14）。表記に英語が多いのは，歴史的にブランデーの主要消費国がイギリスであったため

表 14 フランスのブランデーの酒齢（コント）と等級との関係

等 級	コニャックのコント	アルマニャックのコント
スリースター	2 以上	1 以上
V.S.（Very Special）	2 以上	2 以上
V.O.（Very Old）	−	4 以上
V.S.O.P（Very Superior Old Pale）	4 以上	4 以上
ナポレオン	6 以上	5 以上
X.O.（Extra Old）	10 以上	10 以上
Hors d’âge[注]	6 以上	−

注 “並外れた”の意味。

です。コニャック（次項で説明するアルマニャック）ではコントをブドウを収穫した年の翌年の4月1日（アルマニャックは5月1日）をコント0（ゼロ）としてスタートさせます。ブランデーの酒齢等級名にはV.S.やX.O.などがありますが，酒齢等級名とコントの関係はコニャックとアルマニャックの間で違いがあります。たとえばナポレオンはコニャックではコント6以上ですが，アルマニャックではコント5以上です。アルマニャックはコント1から出荷できますが，コニャックはコント2以上にならないと出荷できないので，商品は必然的にコント2以上の等級のみになります。酒齢等級は“コント○以上”と最低レベルを規定しているだけなので，同じ等級名でもメーカーによってその瓶の実際のコントが異なり，価格が大きく違うことがあります．たとえばコニャックにおいて，A社のナポレオンがコント14で3万円なのに対し，B社のナポレオンがコント6で5千円ということもありえます。コニャック，アルマニャック以外のブランデーは製造者の自主的基準で等級分けされています。

その他のブランデー

アルマニャック　アルマニャックはフランス南西部アルマニャック地方で造られる，コニャックとともにフランスを代表するAOC準拠のブランデーです。使用されるブドウやワイン醸造方式などはコニャックと同様です。蒸留は独特の多段式の単式蒸留器（アルマニャックポット）で1回行いますが，これにより55〜70%の蒸留液が得られます。シャラント式蒸留器を使う場合もあります。その後オーク樽で貯蔵しますが，一般にアルマニャックポットで1回蒸留したものはシャラントポットで2回蒸留したものに比べて香味成分が多く，重く個性的な酒質になります。アルコール分が約

40〜43%になるように加水して製品化されますが，アルマニャックにはブドウ収穫年が記載されたビンテージ製品も多くあります。

絶品！アルマニャック

フランスの友人Ｅ氏宅に招待されたとき，サロンのソファーに座って会話を楽しみながら食事前の時間を過ごしていました。欧米ではこのようなもてなしは普通で，そういうときに自慢の食前酒を振る舞うという習わしがあります。Ｅ氏がサイドボードの奥から取出したのは，瓶半分くらいになっていた濃い琥珀色の液体でした。「非売品のビンテージアルマニャックだよ。50数年前のもので，しかも蒸留所から個人的に贈られた特別なボトルなんだ。ここにサインがあるだろう？」と言い，大事そうにグラスに少しだけ注いでくれました。良いブランデーを飲んだことのない筆者，その深い琥珀色にも目を奪われましたが，なによりもグラスに顔を近づけたときの驚きを今でも忘れません。アルコール刺激は控えめで，感じられるのはただ馥郁（ふくいく）として，それでいて重厚な，しかもそれらがブドウで包まれているような香りだったのです。嗅覚中枢の琴線が震えるような感覚，音に例えるならばバイオリンの名器が奏でるビロードの音色が後頭部を共鳴させ振るわせるような感覚を覚えました。口に含んでも刺激感がなく，それまで筆者が知っていたブランデーがいかに薄っぺらいものだったのかと思わせる逸品でした。数年後に再びＥ氏宅を訪ねる機会があり，「ひょっとして，また」という期待があったのですが，『珠玉の琥珀色』を湛（たた）えたボトルはもうありませんでした。残念！

生涯の酒の友Ｅ氏。
ストラスブールの彼の自宅で

かす取りブランデー　ワインの醸造過程で出るしぼりかすを蒸留して造るブランデーで，世界各地にありますが，フランスのマールやイタリアのグラッパが有名です。除梗(じょこう)後つぶしてそのまま発酵させる赤ワインから造る場合は，発酵が終わってしぼった後の種，皮，果肉を含むしぼりかすに水を加え，その後蒸留します。白ワイン造りではまじめに除梗したブドウから果汁をしぼりますが，ブランデー造りではまず残ったしぼりかすに水を加えて発酵させ，その後蒸留します。ワインかすは皮や種を大量に含むので，一般に原酒の個性は強くなります。マールは樽貯蔵されて重厚感が出るのに対し，グラッパは樽貯蔵しないため，透明でブドウの個性が現れます。日本産のものも樽貯蔵なしで出荷されます。

カルバドス　フランスのノルマンディー地方で造られるリンゴを中心とした醸造酒を蒸留したもので，ペイ・ドージュ地区のAOCカルバドスが有名です。シードル用のリンゴ品種が使われますが，梨を加えることもあります。蒸留には単式のポットスチルが使われますが，多段式の単式蒸留器が使われることもあります。コニャックと同じく，最低2年の樽貯蔵期間と貯蔵表示基準が決められています。日本でも青森県などで似たお酒が造られています。

その他のフルーツブランデー　フランスのアルザス地方と，その近郊のドイツやスイスを含めた一帯で多く造られます。サクランボを原料とするキルッシュが特に有名ですが，他にも木イチゴ，洋梨，ミラベル（黄色い西洋スモモ），花梨(かりん)，アンズなどの果物が原料になります。それぞれの果物からワインを醸造し，それを小型の単式蒸留器で蒸留して造りますが，多くは樽貯蔵しないので透明です。果実をアルコールに長時間漬けてから蒸留したものや，それに果汁や糖を加えたものもあります。甘い果実香があり，果汁や糖を加えたものはエキス分が多く，日本の基準ではリキュール類になります。オーストリアのヴァッファー渓谷のアプリコットブランデーはアルコール分と糖分のいずれも高く，とてもおいしいです。

日本のブランデー　戦後以降，大手酒造メーカーやいくつかのワイナリーがブドウを原料としてコニャックタイプのブランデーを造っており，また，かす取りブランデーやフルーツブランデーも造られています。単式蒸留器を使いオーク樽で貯蔵します。原料が少ないため，多くは輸入ブランデー原酒にアルコール，香料，色素などを加えて造られます。海外では認められませんが，日本では原酒を10% 以上使っていればブランデーと名乗ることができます。

 ブランデーを味わってみよう！

ブランデーは香りを味わうお酒です。以前は底の丸い少し大きめのチューリップ形グラスに少量を注ぎ，グラスを手のひらで包むようにして温め，香りを立たせながら味わっていました。しかしそれではアルコール臭が強調されてしまうので，酒質が向上した現在では，自然に立ち昇る香りを直接感じられるよう，小さめのグラスで味わうのが一般的になっています。

食前酒や食後酒としての飲み方が一般的ですが，コーヒーやお菓子に入れて香りを楽しむやり方もあります。

最近よく使われるタイプ

大きめのチューリップ形
(以前多かったタイプ)

グラッパ用

スピリッツ

原料も，造り方も，味わいも バラエティーに富む蒸留酒たち

スピリッツってどんなお酒？

スピリッツは欧米では蒸留酒全般を指す言葉として使われ，古代メソポタミアではすでにナツメヤシの実の蒸留酒が飲まれていました。蒸留酒は中世，錬金術師や医師，薬剤師などが「命の水」や不老不死の薬として売り出したことでひろがりました。スピリッツ（spirits）には精神や活力といった意味がありますが，ビールやワインを火にかけてできた濃いお酒が人間の活力のもとになり，魂に働きかけると考えられ，蒸留酒がスピリッツとよばれるようになったのでしょう。余談ですが，ナポレオンのロシア遠征でフランス軍はブランデーを持参し，ロシア軍はウオッカをもっていました。フランス軍はこの戦いでブランデーが尽きて負けてしまったといわれ，“ブランデー・ウオッカ戦争”ともよばれます。

世界で有名なスピリッツはラム，テキーラ，ウオッカ，ジンの四つで，これを四大スピリッツといいます。標準的なスピリッツはアルコール濃度の高い強い酒というイメージですが，日本でスピリッツという場合は，酒税法によってエキス分 2％未満の蒸留酒や，蒸留酒を水以外のもので割ったお酒を指します。ウオッカをウーロン茶で割ったアルコール濃度の低いチュウハイもスピリッツです（エキス分が多い場合はリキュールになります）。典型的なスピリッツはクセの少ないお酒で，そのまま飲む以外にもカクテルのベースとしてよく使われます。カクテルとは飲む直前にシロップ，果汁，炭

酸水などの水以外のものをお酒に混ぜたもので，実はハイボールもカクテルです。カクテルのベースはスピリッツが多いですが，リキュール，たとえばカンパリ，クレム・ド・カシス，コーヒーリキュール（カルーア）などもよく使われます。下図にスピリッツをベースとするおもなカクテルのレシピを示します。

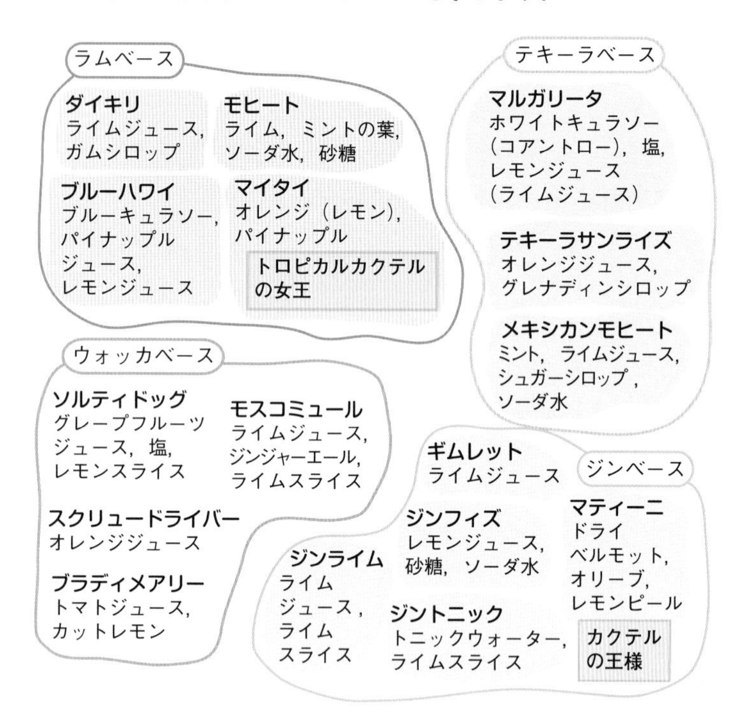

ラ　ム

1．ラムってどんなお酒？　ラムとはサトウキビを原料にしたお酒で，ラム酒ともいいます。世界各地で造られますが，ジャマイカやキューバなどのカリブ海の島国がおもな生産地になっています。もともと西インド諸島にサトウキビはなかったのですが，コロンブスの新大陸発見を機にスペインのカナリア諸島から導入され，製糖産業が盛んになりました。17 世紀には砂糖の生産で余った廃糖蜜を原料にするラムの生産が始まったといわれています。日本でも小笠原諸島や沖縄県などでラムが造られています。奄美大島で造られる黒糖焼酎は原料と製法がラムと似ていますが（52 ページ），米麹を使い，黒糖そのものを原料にすることがラムと違います。

ハチミツ入り
樽熟成ラム

2．造り方　サトウキビのしぼり汁やそこから砂糖を得る過程で出る副産物の糖蜜が原料となりますが，糖蜜で造るラムをインダストリアルラムといい，ラムの大部分を占めます。原料が大量の糖を含むので，そのまま発酵できます。原料が発酵しやすいように糖度を約 20％に下げ，雑菌が生えないように酸度を高めてから発酵させます。産地や製法によりヘビーラム，ライトラム，ミディアムラムに分類できます。

ヘビーラムは特殊な方法で発酵させた糖蜜成分や蒸留した残りの成分を糖液に加えて酸性のもろみをつくり，ゆっくりと発酵させます。この間にアルコールとともに，混在する細菌によってラム特有の複雑な成分が生まれます。発酵後，もろみを単式蒸留器で 2 回蒸留し，内部を焦がしたオーク樽で 3〜5 年以上熟成させます。色の濃い香味の強いお酒で，ジャマイカラムが代表的なものです。

ライトラムは酸を加えた糖液に純粋な酵母を加えて短期間で発酵させ，連続式蒸留器で高濃度（約 80％まで）のスピリッツを造ります。これを加水し，タンクか内部を焼かないオーク樽で 1〜2 年熟成し，活性炭ろ過して仕上げます。このため淡い色のシャープな飲み口に仕上がります。代表的なものはキューバラム，プエルトリコラムで，香草や果実で香味づけする場合もあります。

ミディアムラムはヘビーラムより色が淡く香りも穏やかです。発酵法はさまざまで，ヘビーラムの手法を取入れたもの，ライトラムの要領で行うものなどがあります。蒸留もポットスチルやパテントスチルなど，メーカーにより違います。70〜80% の蒸留分を 1〜3 年オーク樽で熟成させ，香草や果実で香味づけする場合もあります。ヘビーラムとライトラムを混合するやり方もあります。デメララム，アメリカラムなどが含まれます。

3．種類と特徴　色により，ダークラム，ゴールドラム（アンバーラム），ホワイトラム（シルバーラム）の区別があり，それぞれはおおむねヘビーラム，ミディアムラム，ライトラムに相当します。ラムの特徴は甘い香りと特有の味で，これを生かしてケーキの香りづけやラムレーズンづくりなどに使われます。アルコール濃度は 44〜45% で一般にストレートで飲まれ，熱帯地方では酒といえばラムといわれるほどポピュラーです。ライトラムはカクテルのベースになります。

テキーラ

1．テキーラってどんなお酒？　テキーラは竜舌蘭（アガベ）という植物からつくられるメキシコの蒸留酒“メスカル”のうち，原料として特定の地域で栽培された特定種の竜舌蘭（アガベ テキラナ）を使い，テキーラ村やその周辺で蒸留されたものに対して与えられる地理的名称です。竜舌蘭はサボテンと同じ多肉植物に属するので，テキーラがサボテンから造られると思っている方もいますが間違いです。竜舌蘭は開花時，茎にあるイヌリンという糖がたくさんつながった物質が果糖という小さい糖に変化します。メキシコでは古くから開花時の竜舌蘭の甘い樹液を発酵させたプルケという醸造酒を飲んでいましたが，スペイン人によって蒸留技術が導入されてメスカルが生まれました。その後山火事に遭ったアガベの茎が甘くなっていたことがわかり，茎を蒸し焼きにして糖化させる技術が確立し，メスカルが安定的に造られるようになりました。

アガベ テキラナ

2．造り方　約10年間育ったアガベを原料に，葉部分を切り落としたパイナップル状の芯部分“ピニャ”を使います。ピニャを割り，伝統的にはそれを石室（いしむろ）に入れて2，3日，高温（80〜95℃）の蒸気で蒸し焼きにします。これによりイヌリンが糖化され，同時に繊維がやわらかくなって液をしぼりやすくなります。冷やした後石臼（いしうす）で粉砕し，よくしぼって糖液を得ます。ただ現在ではこの伝統的スタイルはあまり見られず，近代的な工場で機械化された製造が行われ，蒸し焼きも高圧蒸気滅菌器（大型の圧力釜のようなもの）を使って行われています。糖液をタンクに入れて発酵させ，単式蒸留器で2回蒸留しますが，2回目の蒸留でアルコール約55%の蒸留液を集めて新酒とします。

3．種類と特徴　新酒はステンレスタンクでの短期貯蔵の後アルコール35〜45%に調整して瓶詰めされますが，これ（あるいは樽貯蔵しても貯蔵期間が60日未満のもの）をテキーラブランコ（ホワイトテキーラ）といい，無色で青草臭のあるシャープで強い味わいがあります。ある意味，最もテキーラらしいテキーラです。高級品はオーク樽で熟成しますが，樽貯蔵が2カ月〜1年未満までのものをレポサド（シルバー），1年以上をアネホ（ゴールド），3年以上をエクストラアネホといいます。貯蔵期間が経つにつれて味が丸く，琥珀色が強くなり，アネホにはウイスキーに似た味わいがあります。筆者も飲みましたが，ハイボール風にしてもおいしいです。

ウ オ ッ カ

1．ウオッカってどんなお酒？　ウオッカ（vodka）は日本での呼び名で，世界的にはヴォトカ，ウォトカ，ウォツカとよばれます。ウオッカの語源は蒸留酒「命の水」の“水”のスラブ語 voda に由来し，ロシアでは蒸留酒はすべてウオッカとよばれるそうです。ウオッカは小麦，大麦，ライ麦，トウモロコシなどの穀物，あるいはジャガイモやその他の材料を主原料とし，糖化と発酵後に連続式蒸留器で蒸留して得られる高濃度アルコールを 40～60% に薄め，それを白樺（しらかば）の炭でろ過します。ウオッカはロシア発祥で，15 世紀には蜂蜜酒をもとに造られていましたが，その後穀類を糖化して造られるようになり，19 世紀には活性炭ろ過や連続式蒸留器が使われるようになって現在のようなスタイルになりました。20 世紀に入ってその製法が各国にひろがり，今ではポーランド，バルト三国，北欧，アメリカなど，各地で造られています。

2．造り方　原料は伝統的には穀物ですが，ポーランドや北欧ではジャガイモも使われています。糖分を多量に含むサトウキビやブドウなどを原料にしてもそれを明記すればウオッカと名乗っていいことになっています。まず穀類に麦芽を作用させて糖化し，それを高性能の連続式蒸留器で高度に蒸留します。蒸留液はほぼ純粋アルコールに近い 96％の無味，無臭のスピリッツで，原料の差による味わいの差はあまりありません。これに水を加えてアルコールを 40～60% にした後，白樺の炭でろ過します。ろ過はウオッカの味を決める重要な工程で丹念にするほど品質が良くなります。この後低温ろ過で雑味となる油分を除き，ウオッカの特徴である無味，無臭，無色のお酒にします。ステンレスタンクで短期貯蔵した後，瓶詰めします。製品間にあまり味わいの違いはありませんが，わずかに残る原料由来の香味成分などが製品の特徴になります。瓶詰めの前に味つけや香味成分を添加して味わいに特徴を出す場合もあります。

3．種類，特徴，飲み方　　タンクで貯蔵したアルコールがそのまま製品になるもののほか，そこに色素や香味成分などを加えたフレーバードウオッカがあります。フレーバードウオッカとしては，薬草の一種であるズブロッカの香りをつけた『ズブロッカ』や『ヴィンセント』が有名ですが，ショウガやコショウ，果物や蜂蜜を使ったものもあり，ロシアやポーランドで多く造られます。ウオッカはストレートや水割りで飲まれ，ポーランドでは果汁割りでもよく飲まれています。筆者も現地でリンゴジュース割りを楽しみました。

ポーランドで買った
赤い『ズブロッカ』

ジ　ン

1．ジンってどんなお酒？　　ジンは穀類の蒸留酒に杜松(ねず)の実(み)（ジュニパー・ベリー。檜(ひのき)に近い杜松(としょう)という木）などの草根木皮(そうこんもくひ)（香りや薬効をもつ植物の根，樹皮，花，実，種などで，漢方薬にもなる）の香りをつけたお酒で，17 世紀半ばのオランダで生まれました。当時インドネシアに侵攻していたオランダは現地での感染症やマラリアで苦しんでいましたが，ジンはその特効薬としてつくられました。はじめは杜松の実の利尿や解熱という効果に注目してオランダのライデン市の薬局で販売されましたが，独特の香りが評判になり，飲料として全土に広がりました。ジンという言葉はジュニパー・ベリーのジュニパーが短縮されたものです。ジンはその後17世紀後半～18世紀のイギリスで発展し，18世紀中頃には連続式蒸留器により，純度の高い洗練されたお酒になっていきました。その後アメリカでも販売が伸び，今では世界中で飲まれています。最近は小規模で草根木皮にこだわった特徴的なジン，クラフトジン

ちょっと詳しく

白色革命

近代がはじまった頃の世界のお酒の主流はウイスキーやブランデーといった色のついたものでした。日本も例外ではなく，60代以上の読者諸氏は「若い頃にはウイスキーやブランデーをよく飲んだ」という方も多いはずです。ところが1970年代に入ったアメリカでウオッカの輸入が急激に伸び，1974年にはついに国民酒であるバーボンを抜いてしまったのです。これがホワイトレボリューション“白色革命”といわれる現象です。潮流はヨーロッパに波及し，ジンやウオッカを中心に無色の酒が大きく伸びました。その頃の日本はどうでしょう？　そうです！　焼酎の項で記したように，第二次焼酎ブームが到来したのです。一説によると甲類焼酎の宝焼酎『純』は宝酒造が白色革命の到来を予想して出した製品だそうです。その後日本では有色酒の消費が急速に低下することになりました。この世界的傾向は今も続いています。無色の酒は悪酔いしにくくて酔い覚めがよく，軽快でクセがなく，果汁やいろいろなものと割るなど自由な飲み方ができることから特に若者に好まれますが，その世代が歳を経ても同じスタイルを続けているということなのでしょう。

が各国でさまざまつくられており，流行のきざしがあります。

2．造り方　発酵の原料はおもにライ麦とトウモロコシで，これを麦芽で糖化させ，発酵後，連続式蒸留器で蒸留して純度の高いスピリッツをつくります。蒸留液を50〜60%に薄め，そこに杜松の実などを加えるか，蒸留器上部の棚に置き，蒸留液に香料植物のにおいを移します。以上が典型的ジンであるドライジンの製法です。安価な製品の中には草根木皮の精油をアルコールに加えただけのものもあります。草根木皮の量比と，蒸留器の形などが含まれる香り成分に影響し，それが製品の特徴となります。

3．ジンの特徴，種類，飲み方　草根木皮としては杜松の実のほか，コリアンダーやキャラウェイの実，アンゼリカやオリスの根，レモンやオレンジの果皮，シナモンの樹皮なども使われます。オランダで生まれ，イギリスで発展したドライジンはイギリス（ロンドン）ジンともいい，単にジンといったらドライジンを指します。ドライジンは香りが控えめで軽快な飲み口ですが，イェネーバともいわれる伝統的オランダジンは大麦麦芽比率が高く，アルコール蒸留を単式蒸留器で2，3回行うため，麦に包まれた重厚な風味とコクがあります。ジンにはドライジンに糖分を加えたオールド・トム・ジン，杜松の実を発酵させて造るドイツのシュタインヘーガー，果実で香りづけしたフレーバードジンなどもあります。ジン通の左党はストレートやロックで飲みますが，一般にはカクテルにして飲む場合が多いようです。筆者，若い頃にはジンフィズが好きで，しばしば飲んでいました。「ほろ苦い思い出の酒」でしょうか。

その他のスピリッツ

以上の主要スピリッツのほかにも世界にはいろいろなスピリッツがあります。そのいくつかを紹介しましょう。

アラック　アラビア語で“汗”という意味で，中東から東南アジアにかけて造られ，トルコではラクといいます。原料にナツメヤシの実，ヤシの樹液，糖蜜，キャッサバ（和名はイモノキ。タピオカの原料），デンプンを米芽（米の発芽したもの）や麹で糖化した米などを使い，醸造酒を造った後，単式蒸留器で2，3回蒸留し，アルコール分を45～60%にします。少し酸味があり，水を加えるとアルコールに溶けない成分が沈殿して白濁します。アラビア半島に伝わった蒸留器もアラックとよばれており，それがヨーロッパに伝わ

ちょっと詳しく

花酒：国内最高のアルコール度数をもつ伝統のお酒

沖縄県与那国島でのみ造られるスピリッツで，原料や造り方は泡盛と同じですが，アルコール濃度が60%に達します。度数が高いのは蒸留したときに最初に出てくるアルコール度数の高い部分のみを使うためで，この蒸留の端の部分を“端(はな)ダレ”といい，それが花酒の名称の由来になっています。お酒を器に注ぐと高いアルコール濃度のために泡が花のように出るので“花”といったという説もあります。伝統の地釜蒸留器を使い，文化的にも重要なお酒で，琉球王朝に献上されたり，冠婚葬祭，とりわけ埋葬（洗骨葬）に使用されていました。このような伝統に敬意を表し，沖縄の本土復帰後に酒類製造免許が与えられました。製品の瓶は与那国の町木であるヤシ科植物（ビロウ）の葉クバで巻かれています。本来の味わいを楽しむには小さな杯に入れたものを舐めるように飲みます。冷凍庫でも凍ることはなく，トロッとした口当たりが楽しめます。簡単に引火するので，飲むときは周囲も含めて火気厳禁ですって！　オ～怖っ！

りお酒の蒸留器をアランビックとよぶようになったそうです。トルコのラクは強烈なアニス香があり，筆者は最初はまったく飲めませんでした。でもだんだん飲めるようになり，しまいには好物になってしまいました。香りがクセになるなど，ある意味でジンに似たところがあると思います。

アクアビット　北欧諸国で造られるジャガイモを糖化，蒸留したスピリッツで，かつて錬金術師がつけた名前“命の水”がそのままお酒の名前になっています。蒸留後に香草（キャラウェイ，フェンネル，アニス，カルダモンなど）で香味づけします。

コルン　ドイツ語で穀物という意味です。ドイツで造られる無色，無味無臭の蒸留酒で，味つけはありません。ドイツでシュナプス（いわゆる焼酎）と言って注文すると，これが出てきます。

カシャーサ　ブラジルの国民酒的お酒で，ピンガともいわれます。ラムのようにサトウキビのしぼり汁をそのまま発酵，蒸留したものです。

東アジアのスピリッツについては次章で説明します。

その他のお酒
世界にはまだまだいろんなお酒がある!

リキュールという濃くて甘いお酒

リキュールとは蒸留酒に糖や香味成分や色素を加えて味つけしたり，果実や種などの草根木皮（そうこんもくひ）（前章「ジン」の項参照）の成分などを含ませたお酒の総称で，中世になって蒸留技術が発明されてから造られはじめました。さまざまなものが材料になるため非常に多くの種類がありますが，エキス濃度（25〜50%）とアルコール濃度が高く（25〜50%），甘くて特有の味や香りをもつという共通の特徴があります。食前酒や食後酒として飲まれたり，カクテルの材料にもなります。リキュール製造には発酵過程がありません。ベース

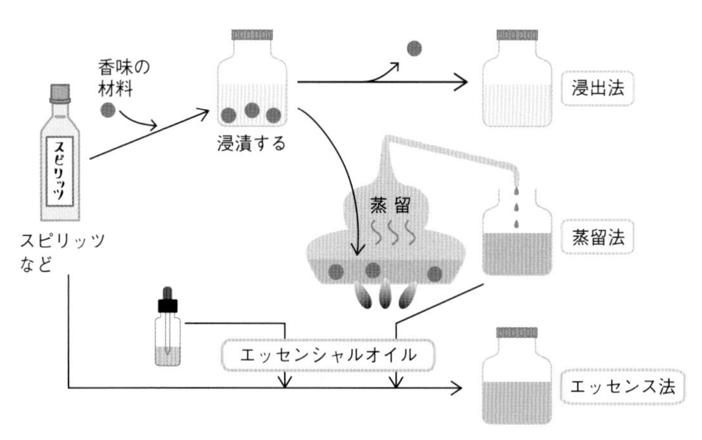

リキュール造りで使われる香味成分の抽出法

となるブランデーやスピリッツに果実や草根木皮の香味成分を溶かし込み，調合後に糖類や着色料を加えます。リキュールの製造法は，① ベースのアルコール液に原料を浸す，② ①を蒸留する，③ 香料を直接アルコール液に加えるという方法のいずれかです。

リキュールに溶けているものは4種類

リキュールにはたくさんの種類がありますが，香味成分の原料となる草根木皮などの種類により，以下の四つに大別できます。

草本・薬草系リキュール　薬草やハーブを浸したお酒で，カンパリ，アブサン（コラム参照），ベネディクティン，ペパーミント，ビターズなどがあります。

種子系リキュール　焙煎コーヒー豆を使ったコーヒーリキュール，あんずの核を使ったアマレット，アニス（ウイキョウ）の種を使ったアニゼットなどがあります。

果実系リキュール　オレンジを使ったキュラソー（コアントローなど），サクランボを使ったチェリーブランデーやマラスキーノ，クレーム・ド・○○とよばれるもの（たとえばクレーム・ド・カシス），スモモの一種のスローベリーを使ったスロージンなどがあります。

エマルションリキュール　動物由来のものを原料にするリキュールで，材料が分離しないようにマヨネーズのような分散質になっています。クリーム系（アイリッシュクリームなど），卵系（アドヴォカートなど），ヨーグルト系（ベレッツェン，トロピカルヨーグルトなど）があります。

日本にもいろいろなリキュールがある

1．日本でのリキュールの定義　日本では酒税法により，リ

ちょっと詳しく

アブサンは禁断の酒？

アブサンは18世紀後半，フランスで考案されたアルコール40〜90%のニガヨモギを含む緑色のリキュールで，最もアルコール濃度の高いお酒の一つとしても有名です。余談ですが，お酒のめっぽう強い野球選手 景浦安武（やすたけ）（通称 あぶ）が登場する水島新司の野球マンガに『あぶさん』というのがありましたね。

緑の魔酒アブサン。日本でもつくっています

砂糖にアブサンを染み込ませ，火をつけて溶かしたものをアブサンに入れて飲むのが伝統的な飲み方だそうです。当初は薬でしたが，恍惚感が得られることから，感性や閃（ひらめ）きを引き出す霊酒としてとりわけ当時の芸術家に好まれました。しかし多用や連用によって幻覚や錯乱といった精神，神経症状が出るため，“緑の魔酒”，“緑の妖精”などとあだ名されました。画家のロートレックやゴッホ，詩人のヴェルレーヌらはアブサンで身を滅ぼしたといわれています。アブサンが社会問題化し，ニガヨモギに向神経物質ツジョンが発見されたことにより，アブサンはいったん製造禁止になりました。しかしWHOが10 ppm以下ならば飲酒可という判断を下し，いくつかの国ではすでに基準内で解禁されています。今では精神症状と無縁になったアブサンですが，昔はツジョンが100 ppm以上，なかには3842 ppm!!　という代物もあったそうです。かつてのアブサン，やはり“魔酒”だったのでしょうか？　謎です！

キュールは「すでにできた酒類に糖やその他（酒類を含む）の成分を混合した混成酒で，エキス分を2%以上含み，他のどこにも分類されないもの」と，かなりざっくりくくられています。基準に合っていても既存の酒類の定義に合致するものはリキュールからは除かれます。たとえばワインにスピリッツを加えた酒精強化ワインは「お酒に他の酒類を加え，エキス分が2%以上」で，種類によっては味わいがリキュールそのものですが，日本では甘味果実酒に分類されます。他方，発泡酒にスピリッツを加えて造った“新ジャンル”はアルコール分が低く，甘くもありませんがリキュールに分類されるなど，日本には“甘い，強い”という世界の標準的リキュールのイメージに合わないリキュールがいっぱいあります。

2．日本で飲まれているリキュール　伝統的リキュールのベースとなるお酒は焼酎，清酒，あるいはみりんです。日本伝統のリキュールに屠蘇がありますが，それ以外にも薬草や漢方薬を原料とする薬酒や，果物を使った果実酒があります。

屠蘇　お屠蘇は今でも健康，長寿を願って正月に飲まれますね。屠蘇散といわれる山椒，防風（ハマボウフウ），桔梗，白朮，桂皮（シナモン）などをあわせたものを水に浸してアク抜きした後，赤酒，清酒あるいはみりんに一晩漬けて，その上澄みを飲みます。パック入りの屠蘇散が売られているので簡単に造ることができますよ。

果実酒　最もポピュラーなリキュールで，果実（梅，花梨など）のみならず，植物のさまざまな部分を糖分を加えた焼酎に漬け込み，数カ月〜数年の貯蔵後に飲みます。

薬酒　種々の漢方薬や草根木皮，動物系材料〔たとえばマムシ，鹿茸（シカの角）〕などをみりんに漬けます。糖を加えないのが一般的です。滋養強壮の目的で飲まれる『養命酒』は江戸時代以前から飲まれているポピュラーな薬酒です。

チュウハイ　もともとは焼酎（チュウ）を炭酸水（ハイ）で割った飲料でしたが，その後いろいろなバリエーションが出てきました。サワーという名前でもよばれ，現在はスピリッツを果汁で割ったものが主流です。すっきりした口当たりにするため，ベースにウオッカを使うことが多いようです。多くはエキス分が2%以上なので税法上リキュールになりますが，エキス2%未満の場合はスピリッツに分類されます。

自宅でリキュールを造ってみよう！

梅雨時になって青梅が出始めると梅酒などのリキュールをつくる方も多いのではないでしょうか？　筆者も以前はよく造っていました。自家製リキュールは好みの材料でつくれる楽しみがあります。ネジブタのできる広口ガラス容器を洗い，場合によっては熱湯やアルコールで内部を殺菌します。そこに乾燥させた材料を入れ，材料1 kgに対して200～800 gの糖を入れます。糖はクセの少ない氷砂糖が一般的ですが，コクを出したい場合は蜂蜜やきび砂糖などを使います。漢方や生薬を使う場合は無糖にします。ここにアルコール濃度35%のホワイトリカーあるいはブランデーを1.8 L入れ，フタをして涼しい場所で保存します。アルコール濃度は使用したお酒のおよそ半分になります。長期保存させる場合はアルコール分を多めにします。2〜3カ月ぐらいから飲めますが1〜数年経つとよりおいしくなります。筆者の経験では，花梨(かりん)酒が一番おいしかったです。花梨の苦味が甘さと調和し，絶品でした。水か炭酸水で割るかロックで飲みますが，カクテルに使ってもいいですね。

東アジアには日本と似たお酒があります

韓国，中国，台湾などの東アジアは米などの穀物の醸造に麹が使われるなど，日本の酒造りとの共通点があります（表15）。ただ麹の材料やその中で生やす微生物が日本とは違い，そのうえ醸造期間も長いため，お酒には複雑で独特の風味が生まれます。醸造酒をも

ちょっと詳しく

自家製リキュール造りにも規制がある

お酒を造る場合は原則的に国税庁の酒類製造免許が必要で，酒税も払わなくてはなりませんが，消費者が個人でアルコールと何かを混ぜて新しい酒類を造り，個人で飲む場合に限って免許は不要です。飲食店の経営者が自家製果実酒を提供することも条件付きで認められています。ただ，自由に造れる場合でも次のような禁止事項があります。第一に原料のお酒はアルコールが20%以上のものに限られます。第二に漬け込むものとして，米，麦，トウモロコシ，デンプン，麹(こうじ)，ブドウ，山ブドウ，アミノ酸，ビタミン類，有機酸などは認められていません。第三に，アルコールを混ぜた後に新たな発酵が起こってアルコール濃度が1%以上増えることは認められていません。このため，たとえば清酒より薄いアルコール溶液に米と麹を加えて自然酵母で発酵させ，清酒に似たお酒を造ることはできません。密造酒になってしまうのでご注意を！

とにして造った焼酎に似た蒸留酒もあります。本章では韓国と中国本土を中心に東アジアのお酒を紹介します。

表15　東アジア各国の代表的な醸造酒と蒸留酒

	国名	酒名	蒸留方式	原料（水，酵母以外）	アルコール濃度
醸造酒	日本	清酒	—	麹，米	15～16%
	韓国	マッコリ	—	麦麹，米，小麦粉	6～7%
	中国	黄酒（紹興酒）	—	酒薬[注2]/麦麹，もち米，小麦	13～18%
蒸留酒	日本	本格焼酎	単式蒸留	米/麦/芋/黒糖，麹	25～45%
		連続式蒸留焼酎	連続式蒸留	各種デンプン質，糖質，麹	20～35%
	韓国	（希釈式）ソジュ[注1]	連続式蒸留	デンプン質，麹	20～35%
	中国	白酒	単式蒸留	コウリャンなど，麹/曲	38～50%

注1　蒸留式ソジュは割愛。
注2　酒薬は米，麹，香草，薬草からなる酒母に相当するもの。

韓国で最もよく飲まれるお酒は焼酎（ソジュ）

一時期，醸造酒であるマッコリ（後述）が日本でブームになりましたが，実は韓国で普通に飲まれているお酒は蒸留酒のソジュで，漢字で焼酎と書き，味も日本の焼酎に似ています。筆者が韓国へ行ったときも，街の居酒屋ではほとんどの人がソジュを飲んでいました。ソジュは二つに大別されます。一つは日本の本格焼酎のように造る伝統的な蒸留式ソジュで高級です。しかし大多数の人に飲まれているソジュは希釈式といわれるもう一方の安価なもので，日本の甲類焼酎に相当します。95％のアルコールを水で20～35％に薄めて造りますが，各メーカーは製法を工夫して味に特徴を出しています。日本にも『真露（チルロ）』や『鏡月（キョンウォル）』といったお馴染みの商品が輸入されていますね。日本の甲類焼酎に比べてシャープで淡白だというのが筆者の感想です。ソジュがアルコール濃度の割に安価なためでしょうか，WHOの2011年の報告によると韓国の1年間の成人1人当たりのスピリッツ消費量（純アルコール換算で9.57 L）はウオッカ大国ロシアの1.4倍ほどあり，世界1位だそうです。飲むね～！

韓国の伝統的醸造酒

韓国の伝統酒は米を主原料にした醸造酒です。日本と違う点は，小麦粉に水を加えた塊にクモノスカビをメインに乳酸菌や酵母を生やした麦麹のヌルを造り，そこに蒸し米と水を加えて発酵させることです。以下のようなお酒が造られています。

マッコリ　アルコール濃度6～7％の濁り酒で，短期間で発酵させ，ろ過せずそのまま“生”で飲みます。日本に入ってくるものは火入れ，殺菌されているものがほとんどです。最近は果汁や炭酸水で割る飲み方も人気があります。

慶州法酒（キョンジュポプチュ）　南部の慶州に古くから続くお酒で，校洞（キョドン）の旧家に製法が代々伝わる校洞法酒（キョドンポプチュ）が有名です。筆者が訪れたときは人間国宝の当主が醸造していました。1年間貯蔵，熟成するとアルコール分17％の黄色味がかった透明な甘口のお酒に仕上がります。清酒の古酒に似た味でしょうか。

韓国の伝統的な醸造酒『法酒』

百歳酒（ベクセジュ）　伝統酒の項に入れてはいますが，実際には1990年代に麹醇堂というメーカーによって製造された新しいお酒です。伝統的な造りの醸造酒に朝鮮人参，クコなどの草根木皮を加えています。

韓山素穀酒（ハンサンソゴクジュ）　酒母にもち米，野菊，大豆などを加えて発酵させ，唐辛子，ショウガを加えてさらに3カ月ほど熟成させます。アルコール濃度18％の，菊の香りがする甘いお酒です。

中国の代表的なお酒は2種類

中国のお酒は蒸留酒の白酒と醸造酒の黄酒の2種類です。

お酒といえば香りが持ち味の白酒　白酒（バイチュウ）はアルコール濃度38〜50％の無色の蒸留酒で，地方によっては白乾児（パオカール）とか乾酒（カンチュウ）ともよばれます。米，小麦，トウモロコシも使いますが，おもな原料穀物はコウリャン（高粱）なので高粱酒ともいいます。類似のお酒は台湾でも造られます。麹は麦とエンドウを混ぜて砕いたものを水で練り，約2カ月かけてクモノスカビを中心にケカビ，紅コウジカビ，酵母，乳酸菌を生やして塊にした曲（チュウ）（餅麹（もちこうじ））で，これを醸造に使います。蒸した穀物と曲を混ぜて固体のまま発酵させることにより複雑な香味が醸し出されます。発酵後，粕取り（かすとり）焼酎のように塊を蒸してアルコールを蒸留します。蒸留粕は捨てずに次のもろみに入れて何度もリサイクルするので，複雑で独特の強い香りが生み出されます。白酒最大の持ち味はこの香りで，香りによりいくつかのタイプに分けられます。このうちの一つ，醤香型（ジャンシャン）の中に有名な貴州茅台酒（マオタイチュウ）があり，スコッチ，コニャックとともに世界三大蒸留酒の一つに数えられることもあります。中国でお酒といえば白酒が普通で，宴会や接待の乾杯には伝統的に白酒が使われます。小さな杯に入ったお酒をストレートで一気に飲むのが作法だそうです。

黄酒は日本でよく飲まれる中国酒　蒸留酒である白酒に対し，

黄酒（ホアンチュウ）はアルコール濃度 13〜18% の茶褐色の醸造酒で，紹興（しょうこう），杭州（こうしゅう），上海（しゃんはい）地域で造られています。黄酒の中でも，水郷地域である浙江（せっこう）省紹興で長期熟成して造られる良質なものは紹興酒（シャオシンチュウ）といいます。糖分が少ないほうから元紅酒（ユワンホンチュウ），加飯酒（チアファンチュウ）（花彫酒（ホアティアオチュウ）），善醸酒（シャンニアンチュウ），香雪酒（シアンシュエチュウ）という四つのカテゴリーがあります。日本で中国酒といえば多くは紹興酒を指し，日本に入ってくるものはほとんどが花彫酒です。台湾にも類似のお酒があり，紹興酒として売られています。紹興酒醸造ではもち米や麦麹などを使って酒母をつくり，液体のもろみの状態で 2〜3 カ月間長期発酵させ，それを圧搾（あっさく），おり引きし，加熱殺菌したものをかめに詰めるという清酒に似た方法がとられます。清酒と大きく異なる点は 1〜数年以上と十分に熟成させることで，かめで長期貯蔵，熟成（3 年熟成は陳（ちん） 3 年と表示）されたものを老酒（ラオチュウ）といいます。黄酒の日本での分類はアルコール分が 16〜17% の“その他の醸造酒”ですが，アルコールが 20% 以上であれば“雑酒”になります。紹興酒は有機酸とアミノ酸の量が多くて焦げたようなにおいをもち，ストレート，ロック，燗（かん），あるいは砂糖で甘くして飲みます。お店の人に少し面倒がられますが，筆者は熱めの燗にしたものに少し砂糖を入れて味わうのが好きです。

第 II 部

お酒のなぜ？を科学する

Q&A

味や香りもさることながら，心地良い酔いがなんともいえないお酒ですが，酔いだけでなく，お酒は心と体をいろいろと変化させます。でも，そもそも酔いって何なのでしょう？　またお酒を飲むと，のどが渇くとかトイレが近くなるといった体の変化が見られ，時には病気を心配しなくてはなりません。そうした中でも，辛党最大の関心事はたびたび襲ってくる憎き「悪酔い」ですね。どうして悪酔いするのか，どんなお酒で悪酔いするのか，悪酔いを防ぐにはどうしたら良いかなど，酒飲みの間ではよく話題になりますが，科学的にはどのあたりまでわかっているのでしょうか。「なぜ？」ということ，他にもあります。そもそも体に入ったお酒はどうなるのでしょう？　これを知れば，お酒と体の関係がわかるはずです。人によってお酒に強い人とそうでない人がいますが，これも不思議の一つですね。

お酒そのものについても，「なぜ？」と思うことがたくさんあります。たとえば，熟成に関してはうわさも含めていろいろな説明があり，びっくりするテクニックが取入れられたりしています。また飲んだ後は誰しも〆（しめ）のラーメンを食べたくなりますが，この理由も読み解いていけばきっとわかります。お酒に関する「なぜ？」はつきませんが，それらについて，ウンチクもまじえ，科学的説明をお話していきましょう。では。

Q1　体の中に入ったお酒はどうなるの？

A：お酒を飲むと約２割のアルコールはすぐに胃から，残りは小腸から吸収されます。飲んで10分もすると酔いを感じはじめるのはこのためです。アルコールの吸収がこれほど速いのはアルコールが細胞の壁を自由に通り抜けられるためです。小腸での吸収速度は非常に速いため，手術で胃を切除した人は血中アルコール濃度の急激な上昇に注意しましょう。

血液に入ったアルコールの一部は吐息，汗，尿としてそのまま排泄されますが，毒性があるので大部分は肝臓で図のようにアルコール分解の主経路を通って分解，解毒されます。

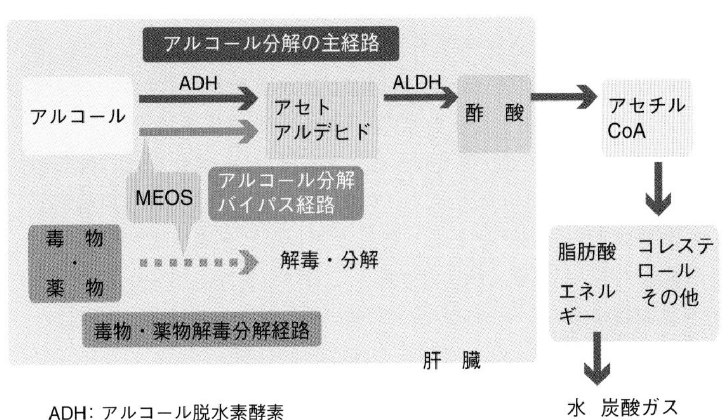

ADH：アルコール脱水素酵素
ALDH：アルデヒド脱水素酵素
MEOS：ミクロソームエタノール酸化系
（飲酒により活性上昇）

アルコールはまずアルコール脱水素酵素（ADH）で毒性の強いアセトアルデヒドになり，さらにアルデヒド脱水素酵素（ALDH）

で無毒の酢酸になります。酢酸はエネルギーを使ってアセチル CoA という物質に変化し，それがいろいろな反応に利用されます。この反応の一つがエネルギー生産で，エネルギー物質 ATP がつくられ，同時に炭酸ガスと水ができます。ですから，お勧めはしませんが，デンプンの代わりにアルコールでエネルギーをとり続けることも理論上は可能です。アセチル CoA は中性脂肪やコレステロールの合成にも使われます。

ちょっと詳しく

メチルアルコールを飲むと目が大変なことに！

53 ページで紹介したカストリというメチルアルコール入り密造酒の話で，「飲むと失明するといわれていた」と述べましたが，体内でのメチルアルコールの分解経路がわかるとその理由がわかります。メチルアルコールは，通常のアルコール（エチルアルコール）に似た小さな分子で，味や香りもエチルアルコールに似て，飲むと酔うそうです。メチルアルコールは体内でアルコール脱水素酵素によってホルムアルデヒドに，そしてアルデヒド脱水素酵素でギ酸（蟻酸，アリが攻撃に用いる物質）に変わります。ホルムアルデヒドはいわゆるホルマリンのことで強い毒性がありますが，ギ酸はさらに強い毒性をもっています。ギ酸は細胞を酸欠状態にして殺すため，まず初めに酸素を大量に必要とする目の神経に毒性が出ます。また網膜にはビタミン A から光感受性物質のレチナールをつくるためにアルコール脱水素酵素が大量に存在するため，ギ酸が蓄積しやすくなっているのです。

Q2　酔っ払うってどういうこと？

A：お酒に期待する効果はなんといっても“酔い”ですね。ちなみに酔っ払いのことをトラ（虎）や大トラといいますが，これはトラが竹林に棲息することと，中国で酒を竹葉とよんだことからきています。

ところで，そもそも酔いとはなんでしょうか？ アルコールが血液に運ばれて脳に達すると神経細胞に入りますが，神経細胞に対するアルコールの作用は麻痺（まひ）です。この作用によって飲酒の初期には交感神経が麻痺して毛細血管が広がり，顔が赤くなり，血圧が下がります（ただしその後上がります）。感覚神経が鈍ってボ～ッとした気持ちになり，ついで抑圧感や緊張感が薄れて幸福感を感じられるようになります。これが酔うという状態です。ただこれは初期の酔いで，飲み続けると睡眠に関わる神経機能が影響を受けて眠くなる場合があります。さらに酔いが深まると，別の影響が出てきます（表16）。たとえば抑えていた感情がストレートに出て怒り上戸（おこりじょうご）や泣き上戸という状態になり，運動神経が麻痺して呂律（ろれつ）がまわらなくなったり千鳥足（ちどりあし）になったりし，ついには神経の記憶能が抑えられて記憶がなくなります。血中アルコール濃度がさらに上がると，脳の奥にある生命維持に関わる神経にも影響が及んで筋肉麻痺という状態になり，呼吸停止や心臓停止といった危険性が出てきます。

最初の爽（そう）（快（かい））という状態の酔いは血中アルコール濃度0.02%で現れ，濃度上昇に従ってほろ酔い，軽い酩酊（めいてい），酩酊，泥酔（でいすい）と酔いが深まり，0.4%を超えると起こそうとしても起きない昏睡（こんすい）状態になり，やがて“死”に至ります。酔いが深まると精神や体にいろいろな変化が見られますが，酔いの程度は純粋に血中アルコール濃度

表 16　アルコールの血中濃度と酔いの程度

酔いの状態	血中アルコール濃度	おおよその飲酒量	酔いの具体的な様子
爽(快)	0.02〜0.04%	20 g	爽快な気分．陽気になる．肌が紅潮する．軽い判断力低下
ほろ酔い	0.05〜0.1%	20〜40 g	ほろ酔い気分．心の抑制がとれる．体温上昇．脈拍増大
軽い酩酊	0.11〜0.15%	60 g	気が大きくなる．大声を出す．感情が強く出る．ふらつく
酩　酊	0.16〜0.3%	80〜120 g	まっすぐ歩けない(千鳥足)．同じことを何度も言う．嘔吐
泥　酔	0.31〜0.4%	140〜200 g	立っていられない．意識不鮮明．言葉が乱れる．速い呼吸
昏　睡	0.41%〜0.5%	200 g 以上	寝込んで起きない．失禁．呼吸低下．意識喪失．死亡

で決まり，個人差はあまりありません。ただし酔うまでの飲酒量にはかなり個人差があり，飲酒条件でも変わります（右コラム参照）。

同じ量のアルコールでもお酒の状態で酔うスピードに差が出ます。濃いお酒，温度の高いお酒は速く吸収されます。ことわざに「親父の説教と冷(ひ)やは後からきいてくる」というのがあります。これは冷やは最初は吸収が遅れるのでスイスイ飲めちゃいますが，やがて胃にたまった大量の酒が一気に吸収されるからです。また，炭酸ガスの入っているお酒も酔いやすく，たとえば白ワインよりスパークリングワインのほうが酔いが早くまわる傾向にあります。これは炭酸ガスによる刺激が胃でのアルコールの吸収を促進することに加え，のどごしが良く，一気に飲んでしまうこととも関係します。

ちょっと詳しく

酒飲みなら知っておきたい，酔いを遅らせる飲み方

同じ量のアルコールでも飲み方で酔いを遅らせる，つまり血中アルコール濃度の上昇を緩やかにすることができます．基本は胃に入るアルコール濃度を下げるか，ゆっくり時間をかけて飲むことです。濃いめのお酒を飲む前にビールを飲むことも悪くはなく，ビール通（つう）には申し訳ないですが「とりあえずビール！」にもそれなりの意味があるといえます。同じ理由から，食べながら飲むことや，事前に食べておくことも効果的です。飲む前に牛乳を飲んで胃の内側に膜をつくると良いという説がありますが，胃を空腹にしないという効果はあるにしても，脂肪やタンパク質といった牛乳成分ではアルコールのような小さな物質の通過を阻止することはできません。否定する確かな実験結果もあり，単なる都市伝説だと思います。飲む前に消化の悪い油をとるという方法もあるそうです。消化が遅れて食物が長時間胃に残るので多少は効果があるかもしれませんが，後でドッと酔う可能性があり，また油が肝臓にストレスを与えるため，健康を考えた場合は良い方法とはいえません。酔いを遅らせるには「胃を空っぽにしない」，そしてQ4で詳しく説明する「肝臓やアルコール代謝に良い物を食べる」が原則です。

Q3 なんで二日酔いになるの？

A：酒飲みにとって最もにっくきヤツ，それは悪酔いや二日酔いです。あれさえなければズ～ッとでも飲んでいたいと思ったこと，何度もあります。おもな症状は顔面紅潮，頭痛，吐き気，嘔吐（おうと），動悸（どうき），のどの渇き，むかつきなどで，飲酒後短時間で症状が出るのを悪酔い，翌日出るのを二日酔いといいますね。ここではまとめて悪酔いと書くことにします。悪酔いは基本的には飲み過ぎによって起こり，いろいろなお酒を飲むチャンポンが原因という説は間違いです（226 ページ参照）。悪酔いを起こす原因物質は，一般的にはアルコールが分解されてできるアセトアルデヒドとされています。下の図からわかるとおり，アセトアルデヒドは飲んでいる間ずっと体内にあり，またアセトアルデヒドを注射したり，飲酒後にアルデヒド脱水素酵素の活性を抑える薬を飲むと悪酔いするという実験結果から，アセトアルデヒド犯人説は強く支持されています。ただ二日酔い時には体内にはもうアセトアルデヒドはほとんどなく，また同

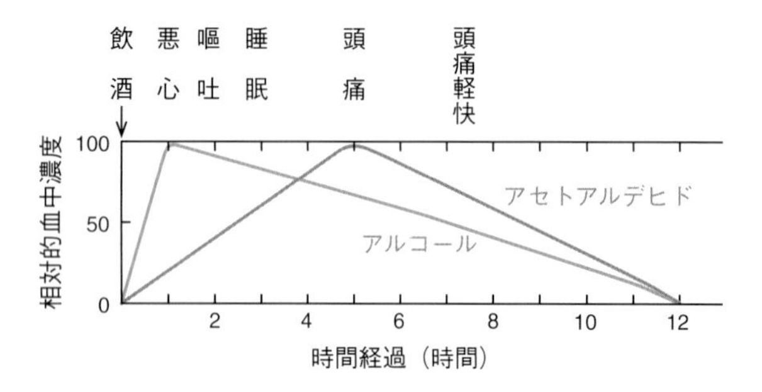

清酒を一時に 5 合飲んだときの血中のアルコールとアセトアルデヒドの濃度［『新・酒の商品知識』より引用（一部改変）］

じ量のアルコールでもお酒の種類によって症状の重さが違うため（後述），アセトアルデヒドを唯一の原因とする説を疑問視する声も多くあります。

アセトアルデヒド説以外には以下のようなものがあります。

① **コンジナー説**：コンジナーとはお酒に含まれる不純物あるいは微量物質のことで，お酒には必ず何かしらのコンジナーが含まれています。酒類によって悪酔いの程度が異なるという多くの体験談がこの説に信憑性を与えています。原因のコンジナーが何かについてはよくわかっていませんが，そのなかで注目されているのがメタノールです。メタノールは酒造りの際に必ず微量生成し，メタノールを摂取すると事実悪酔いの症状が現れます。

② **炎症説**：お酒がもとで起こる炎症（逆流性食道炎，胃炎など）を原因とする説です。

ちょっと詳しく

悪酔いして吐くのはなぜ？

悪酔いして吐くのはみっともない限りです。大量のお酒を飲むとアルコールが胃を刺激し，それが脳に伝えられて悪心（おしん）（気分が悪くなる）を感じ，唾液が大量に出て腸がその中身を胃に戻します。その後胃と腸との境目が閉じて胃がねじれ，筋肉が収縮して中身を上へ押し出します。これが嘔吐です。嘔吐は胃にある有害物を排出して体を守る反応なので，無理に止めてはいけません。吐きたいときは，強いにおいを嗅ぐか，水，できたら炭酸，特にコーラを 2～3 杯飲んで胃に刺激を与えてみましょう。粘膜を傷つけるので，指を突っ込むのはダメですよ！

③ **生体機能説**：アルコールで刺激された過剰な免疫反応が原因という説です。

④ **体液成分説**：血液や体液の成分の変化（血糖値低下，脱水，乳酸の蓄積，ミネラルバランスの変化など）を原因とする説です。

以上のような説ですが，実際の悪酔いはアセトアルデヒドとそれ以外の原因が合わさって起こっているのかもしれません。

じゃ，どういうお酒が悪酔いしやすいの？

A：「日本酒だと翌日に残るけど，焼酎だと残らない」という話はよく聞きます。「蒸留酒は良いが醸造酒はダメ！」，「赤ワインでの悪酔いはタチが悪い」，「普通酒に比べ，大吟醸酒だと悪酔いしない」

ちょっと詳しく

赤ワインによる悪酔いは亜硫酸のせいにあらず

ワインの章で酸化防止剤として添加する亜硫酸について述べました。基本的にほぼすべてのワインに入っていることからワイン，特に赤ワインでは「悪酔いの原因は亜硫酸」といわれることがあります。上記の悪酔い酒ランキングでも赤ワインは白ワインより上にいました。でもこの話，実は真っ赤なウソなんです。ワインの項で述べたとおり，実際は赤ワインより白ワインのほうが亜硫酸を多く使っていますし，また亜硫酸は時間とともに消え，飲む頃にはわずかしか残っていません。亜硫酸を使わずにつくったワインがあるそうです。悪酔いしないかどうか試してみてください。

など，個別のコメントの真偽のほどはさておいて，悪酔いがお酒の種類や品質によると疑っている人はたくさんいます。悪酔いしやすさに酒の種類が関係することは，あながち間違いでもないようです。欧米では悪酔いしやすい酒の順番が，ブランデー ＞ 赤ワイン ＞ ラム酒 ＞ ウイスキー ＞ 白ワイン ＞ ジン ＞ ウオッカといわれているそうで，巷でいわれている「茶色い酒 ＞ 無色透明な酒」の傾向は間違いないようです。茶色い酒にはタンニン（赤ワインにも入っている），フルフラール，アセトンなどを中心に樽由来の物質をいろいろ含んでいますが，この中の何かがコンジナーとして作用する可能性があります。醸造酒では原料由来の成分や微生物がつくった物質がコンジナーになる可能性もあります。

Q4　悪酔い対策には何が効くの？

A：ひとしきり飲んだ後は誰でも「早く酔いを覚まそう」と思うもので，次の日車の運転がある場合はなおさらそうです。アルコールがどれくらいの時間で体からなくなるかについては，お酒の強い人の場合，体重 1 kg 当たり 1 時間に約 0.1 g（あるいは 0.15 g）分解されるというデータがあります。この計算でいくと 60 kg の人が清酒 3 合相当のお酒を飲んだ場合，分解に約 10 時間かかることになります。明日のことも考えて，飲むときは時間の目安をつけておきましょう。ただアルコール分解速度は体重，肝臓の働き，食べ物などで左右され，女性は男性に比べて肝臓の働きが弱いなど，個人差があります。この数値はあくまでも目安と考えておいてください。アルコールを抜くためにサウナに入る人がいます。確かに気分はすっきりするでしょうが，実はそのようなことでアルコール分解が早まることはありません。脱水症状が進むため，むしろ危険です。

　薬や食品，そして民間療法にいたるまで，悪酔いを防ぐいろいろな方法がありますが，その多くはアルコールとアセトアルデヒドの解毒に関わる肝臓の働きを高めるものです。シジミや牡蛎（かき）には肝臓の働きを高めるオルニチンやタウリンが豊富です。オルニチンは肝臓のアンモニア解毒反応に直接関わりますが，この働きによりアンモニアが減って肝臓が元気になり，その結果アルコールやアセトアルデヒドの分解が高まると考えられます。また解毒に働く酵素や，肝臓を修復する酵素などはすべてタンパク質で，アミノ酸からつくられます。ですから，タンパク質を多く含む食品は肝臓を元気にするにはぜひとも必要なものなのです。このため，タンパク質を多く含むイカ（タウリンも多い），肉やレバー，チーズもおすすめです。

抗酸化力のあるビタミンC，ポリフェノール（たとえばコーヒー中のクロロゲン酸），有色野菜に多いリコピンは肝臓で大量に発生して肝細胞を傷つける活性酸素を抑え，同時に炎症を抑える作用も期待できます。この意味から，代謝が円滑に進むように作用するビタミンB群やビタミンC，リコピン，タンパク質のもとであるアミノ酸の豊富なトマトは悪酔い防止のみならず，優れた酒の肴（さかな）ということができます。

機能性食品やサプリメントなどのいわゆる健康食品もあります。

ちょっと詳しく

ウコンもとり方によっては害になる?!

日本でポピュラーな悪酔い防止サプリメントはウコン（ターメリック）で，多くの商品があります。ウコンはショウガ科の多年草でカレーの材料にもなりますが，胃や肝臓を丈夫する漢方薬で，沖縄ではお茶にして飲みます。有効成分は，若返り効果も示唆されているポリフェノールの一種クルクミンです。ただとるときには若干の注意も必要です。近年ウコンによる肝機能傷害が指摘されており，データによるとウコンは民間薬や健康食品による健康被害報告例の約25％と，ダントツの1位だそうです。肝臓に良いはずのウコンですが，過剰のウコン摂取は逆に肝臓に負担をかけるため，肝臓に問題を抱えている，たとえば肝炎や肝硬変を患っている人や，肝臓の数値が悪いといわれている人は注意しましょう。自分で煮出してつくる場合は量の加減が難しいので，さらに注意が必要です。ウコンに含まれる大量の鉄が活性酸素を発生させて肝臓を傷つけるという説があり，類似の問題は濃縮シジミエキスでも指摘されているそうです。何でもそうですが，体に良いからといっても度を超えてとるのは問題ですね。

日本ではウコンがポピュラーですが，欧米では食用サボテンの実のエキスが使われるそうです。悪酔いの症状が高い山に登って頭痛や吐き気，動悸などの症状を起こす高山病と似ているため，中南米で昔から高山病に効くといわれるサボテンを使うようです。ユニークなところでは，マヨネーズで知られるキューピーが出している健康食品『よいとき』があります。アルコールを酢酸に変える酢酸菌の培養液から取出した酵素が配合されています。Q1の図にあるアルコール分解の主経路を助けるということですね。

悪酔い防止の第二の方法には体液の調整があり，脱水に対処する水分補給，失われたミネラルを補給するスポーツドリンクの摂取，低血糖状態を改善する糖分や果物の摂取などにより調整できます。

第三の方法として，不快な症状を和らげる対症療法的手段があります。頭痛薬が一般的ですが，二日酔い中にお酒を飲んで不快な症状を一時的に麻痺させる迎え酒（むかえざけ）という荒技（あらわざ）もありますね。

ちょっと詳しく

なぜビールは水よりもたくさん飲めるの？

ビール500〜1000 mLは一息に飲めますが，水だとせいぜい250〜500 mLしか飲めません。時間をかければアルコールの利尿作用も加わるのでビールのほうが圧倒的にたくさん飲めます。理由は，胃にアルコールが入ったという刺激で胃からガストリンというホルモンが出て胃の運動が促進され，胃から腸へ内容物が送り出されて胃がすぐ空になるという説が有力です。ビールの成分がガストリンの分泌自体を高め，加えて消化管の運動も活発にします。

Q5 お酒を飲むと トイレが近くなるのはどうして？

A：お酒を飲むとトイレが近くなりますね。ビールの場合は飲む容量も多いのでなおさらです。飲酒でトイレが近くなるのは，アルコールに尿生成を高める効果（利尿作用）があるためです。尿とは血液が腎臓でこされたもので，尿素などの老廃物に加え，一定程度のミネラル分も排出されますが，糖やタンパク質は排出されません。つまり腎臓は体液の浄化と，塩分・水分の調節を行っている臓器なのです。脳から出る抗利尿ホルモンのバソプレッシンは尿量を減らして，濃い尿を出させるようにしますが，アルコールはこのバソプレッシンの働きを抑えるため，お酒を飲むと尿量が約 1.5 倍に増えます。体から水分が尿として失われると，結果的に体が脱水状態になって尿量が減り，含まれる黄色い色素（ウロビリノーゲン）が濃くなります。尿の色が濃くなったと思ったら水分を補給するようにしましょう。ただし必要以上の水を飲むと血液が薄まってしまうので，飲んだお酒と同量程度の水分量を目安にします。水の代わりにビールを飲む人がいますが，これだと脱水がさらに進むのでダメです。

Q6 なんで飲める人と飲めない人がいるの？

A：世の中には，毎晩焼酎を 1 本空けるような酒豪からまったく飲めない下戸まで，さまざまな人がいます。実はお酒を飲めるかどうかは遺伝的につまり本質的に決まっていて，生活スタイルや訓練で変わることはありません。遺伝子 DNA は染色体の一部となって酵素などのタンパク質の構造を決めています。一つの遺伝的性質は父親由来遺伝子と母親由来遺伝子の各 1 対，計 2 個で決まります。お酒を分解する酵素などのタンパク質をつくるためにも染色体内にある遺伝子からの指令が必要です。前述のとおり，飲めるかどうかを決めるのはアルコール分解の最初に働く 2 種類の酵素，すなわちアルコールを毒性の強いアセトアルデヒドにする ADH（アルコール脱水素酵素）とアセトアルデヒドを酢酸にする ALDH（アルデヒド脱水素酵素）です。この二つの酵素が遺伝子からの指令によりどうつくられるかが，鍵となります。

お酒に弱い人が飲酒するとフラッシング反応といって，顔が赤くなりますが，このおもな原因はアセトアルデヒドです。アセトアルデヒドは悪酔い状態をひき起こし，体内に大量にできるともうそれ以上お酒が飲めなくなります。つまりお酒が飲めるかどうかは体にたまったアセトアルデヒドの量によって決まるのです。

飲める人と飲めない人の遺伝子ってどうなってるの？

A：次に個別の遺伝子について見てみましょう。まず ADH 遺伝子ですが，これには 1～3 の 3 タイプがあります。飲酒で個人差が出るのはこのうち ADH2 遺伝子です。日本人の ADH2 遺伝子には二つのバリエーション，すなわち活性の弱い ADH2*1 と強い ADH2*2 があります。1 人の染色体には対になる二つの遺伝子があるので，日本人の ADH2 遺伝子は活性がほとんどない ADH2*1/ADH2*1，活性が弱い ADH2*1/ADH2*2，活性が強い ADH2*2/ADH2*2 のいずれかの形で存在します。

	ADH2*1	ADH2*2
ADH2*1	ADH2*1/ADH2*1（活性がほとんどない）	ADH2*1/ADH2*2（活性が弱い）
ADH2*2	ADH2*2/ADH2*1（活性が弱い）	ADH2*2/ADH2*2（活性が強い）

他方，ALDH 遺伝子には 1 と 2 があり，おもに働くのは ALDH2 です。この ALDH2 遺伝子には活性の高い G タイプとほとんどない A タイプというバリエーションがあり，日本人の遺伝子対の組合わせは，活性が強い GG タイプ，活性が弱い AG タイプ，活性がほとんどない AA タイプのいずれかになります。

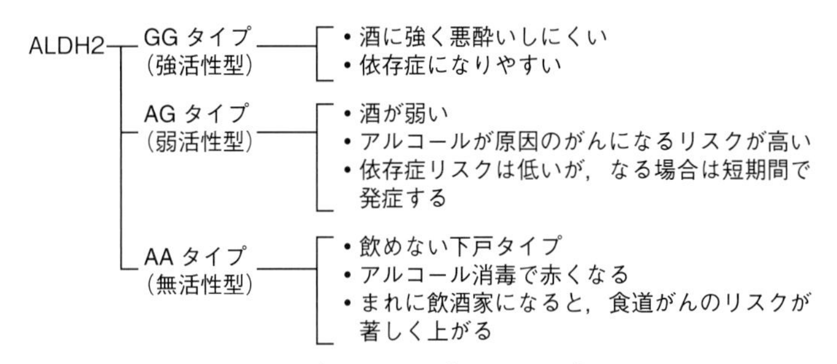

日本人の場合　GG タイプ：AG タイプ：AA タイプ ＝ 50％：45％：5％

お酒が飲める，つまりアルコールを体内でうまく処理できるかどうかは，結局ADH2とALDH2の遺伝子をどういう組合わせでもっているかで決まります（表17）。表からわかるように，お酒に強いかどうかを決めるポイントはALDH2遺伝子です。他方，ADH2は活性が高いとアセトアルデヒドがすぐにたまるため，矛盾するように思いますが，むしろお酒に弱くなります。白色人種はALDH酵素活性が高く，基本的にお酒には強いです。一方，図に示したように日本人を含むモンゴル人種の50%は高活性ですが，45%は活性が弱く，5%の人は活性がまったくない下戸です。下戸の人はALDH活性がまったくないので，訓練や慣れで飲めるようになるということはありません。自分の遺伝子タイプを知りたければ遺伝子検査を受けるといいでしょう。簡単にALDH活性を知るには，アルコールを染みこませた布を皮膚につけて7分後に剥（は）がしたとき，剥がした直後に皮膚が赤くなるか（無活性タイプ），10分後に

表17　アルコール分解酵素の強さと飲酒の関係

		アルコール脱水素酵素（ADH2遺伝子）	
		強い	弱い
アセトアルデヒド脱水素酵素（ALDH2遺伝子）[注]	強い（GG）	•アルコールをすぐ無毒化 •あまり酔わずに飲める	•ほろ酔い状態が続く •どんどん飲める •酒量が多くなり，肝臓を痛めやすい
	弱い（AG）	•あまりほろ酔い気分になれない •どちらかというとお酒が苦手	•気持ちよく飲みはじめるが，飲み過ぎてしまう •二日酔いになりやすい •肝臓を痛めやすい

注　下戸の人はALDH活性がまったくない（AA）.

赤くなるか（弱活性タイプ），あるいは赤くならないか（強活性タイプ）というアルコールパッチテストでもわかります。

ALDH 活性に基づくお酒に強い県，弱い県がわかっており，強い県トップ 3 は秋田，岩手，鹿児島，弱い県トップ 3 は三重，愛知，石川だそうです。日本人の成り立ちからみた場合，もとから日本列島にいた縄文人はお酒が強く，大陸から移動して日本の中央部に定住した弥生人は弱かったという分析結果があるそうで，そのことが今の「お酒が強い県，弱い県」に反映されているのではないか，という説が提唱されています。

Q7 飲めない人はずっと飲めないの？

A：あまり飲めなかった人が何度も飲むうちに飲めるようになったという話を聞いたことがある人もいるかもしれません。しかし，遺伝子は安定なもので，お酒によって簡単に“飲めない型”から“飲める型”に変化することはありません。しいて理由づけするならば，飲酒により細胞中でADHやALDH遺伝子の発現を高める，つまり“酵素をつくらせようと働く”物質がアルコールで増えるという可能性がなくはありません。ただこの説明には明確な証拠がなく，疑問視されています。これとは別に，神経細胞が徐々にアルコールに慣れ，鈍感になるという説もあるそうです。

慣れによってお酒が強くなることに関する，証拠に基づく別の説明があります。これまでは説明を省いてきましたが，実はアルコールをアセトアルデヒドに変換する経路にはADHを介するもののほかに，シトクロムP-450という酵素の一種が関わるMEOS（ミクロソームエタノール酸化系）というバイパス経路があります。Q1の図をもう一度見てみましょう。ADHによるアルコール分解経路はアルコール分解の大部分を占めますが，飲酒が続くとMEOSが分解に関与するようになり，やがてそれがアルコール分解の約半分を占めるようになります。こういう体質になると酔いを感じにくくなり，「酒に強くなった！」と思うようになります。ただこの現象，喜んでばかりはいられません。MEOS経路の活性化で肝臓を傷つける活性酸素が多量に発生し，また飲酒量が増加するので依存症の危険性が増してしまいます。MEOSは本来異物や薬物を分解するしくみですが，MEOSがアルコール分解に関わりやすい体質になると，飲酒時にMEOSがアルコールの処理にかかりきりになり，本来の毒物や薬物の処理がおろそかになって治療薬の分解ができず，薬が効き過ぎてしまいます。またこれと裏腹に，習慣的飲酒者の場合は平時の MEOS 活性自体が高く，薬がすぐ分解されて効きにくくなる体質になっています。これを裏づけることなのでしょうか，医者の間では「大酒飲みは麻酔が効きにくい」といわれているそうです。

Q8　お酒の〆（しめ）にラーメンが食べたくなるのはなぜ？

A：お酒の作用にはすでに述べた神経抑制能や利尿作用（＋脱水作用）のほかに血管拡張（血圧降下，体温上昇やがて降下）や心機能亢進がありますが，飲兵衛にとってさらにうれしいことの一つは食欲増進効果じゃないでしょうか。お酒が食欲を増進させる理由はいろいろ考えられますが，一つはアルコールによって胃のホルモンであるガストリンの分泌が高まり，胃液，胃酸の分泌が盛んになるとともに胃の中身が小腸へ送られて空腹感が生まれるからです。

もう一つの理由はアルコールの分解やその後の代謝で体がエネルギーを必要とするために糖を使い，それが血糖の低下につながって空腹感が生まれると考えられます。このほか，満腹感を感じる神経である満腹中枢がアルコールによって麻痺するということも考えられます。またアルコールの利尿作用は塩分も失わせるため，飲んだ後は塩分も欲しくなります。飲み屋の料理は概して塩辛いですが，このへんをうまく突いてますね。お酒を飲むと炭水化物と油（つまりカロリー）と塩分が一緒になったラーメンを無性に食べたくなる理由も，まさに今述べたとおりです。

Q9 お酒を飲むのは人間だけ？

A：猿が木の室（むろ）に果物を入れ，発酵してできた“猿酒（さるざけ）”を飲むというのはつくり話で，自然に発酵したものを偶然口にすることはあっても，動物が自ら酒を造って飲むということはありません。日本の畜産では，牛の食欲がないときにはビールを飲ませることもあるそうで，これによって消化に必要な胃の中の微生物が活発になるといわれています。

一方，動物が自発的にアルコールを摂取する例もあります。一つ目の例はチンパンジーで，京都大学などの研究で明らかになっています。人の造ったアルコール濃度 3〜7% のヤシ酒を失敬し，ある程度習慣的に飲むそうで，飲んだ後は酔っているように見えるそうです。二つ目の例はマレーシアのジャングルに住むネズミほどの大

毎夜大酒を飲む動物 ハネオツパイ

きさのツパイの一種ハネオツパイで，より積極的に飲酒します。ハネオツパイはヤシの花の蜜を飲みますが，この蜜には酵母がついているため，発酵してライトビールと同等のアルコール 3.8% ほどの“お酒”になっているのです。ツパイは毎夜，人間に換算してビールの大瓶 7〜8 本分の“お酒”を飲み，その後何ごともなかったかのように帰っていくそうです。ヤシ（ブルタムヤシ）はほとんど 1 年中花を咲かせるのでハネオツパイはこれをほぼ唯一のエネルギー源にすることができ，ヤシもハネオツパイによって受粉を助けてもらっている可能性があります。不思議なことに，これだけ飲んでもハネオツパイが酔うことはないそうで，この理由を解明すれば二日酔い防止の手がかりになるかもしれません。

Q10　お酒の味と香りはどこで感じるの？

A：基本的な味の種類は塩味，甘味，酸味，苦味，旨味の5種類で，おもに舌の上で味を感じます。舌には味蕾(みらい)という味を感じる小さな突起状の構造があり，その中の味細胞には甘味，苦味，旨味にかかわる味物質が結合する受容体が多数あります。味物質が受容体に結合するとその情報が神経に伝わり，脳で“味”として認識されます。一方，酸味と塩味はイオンという状態で存在し，味細胞にあるチャネルといわれるそれぞれ通路から細胞の中に入り，同様に“味”として認識されます。以前は味覚として感じとれる感度は舌の部位で異なるといわれていましたが，現在は否定されており，味細胞はおもに舌の上全体に存在することがわかっています。味物質がどの種類の受容体と結合するか，あるいはどのように結合するかによってどの味がどう感じられるかが決まります。辛味も味の一つですが，味覚と違って別の感覚器“痛覚器”で感じます。

一方，においは鼻腔上部にある嗅細胞を含む嗅覚器官（嗅球(きゅうきゅう)）で感じます。嗅細胞に揮発性のにおい物質が結合することにより，味の場合と同じようなしくみでにおいを感じます。人間には約400種類のにおい物質の受容体があり，多くのにおいを嗅ぎ分けられますが，におい物質と結合する複数の受容体との組合わせにより，さらに膨大な種類のにおいを識別できます。一流のソムリエが香りだけでワインのブドウ品種，産地や畑や醸造所，ヴィンテージを当てることができるのもこのためです。

Q11 まずいお酒とおいしいお酒の違いは何？

A：お酒をおいしいと思うのに必要なものは何でしょうか。筆者は「味」,「香り」,「適度なアルコール刺激」の三つをあげます。のどごし感，発泡感もあるかもしれませんし，温度はそれらに影響を与えます。

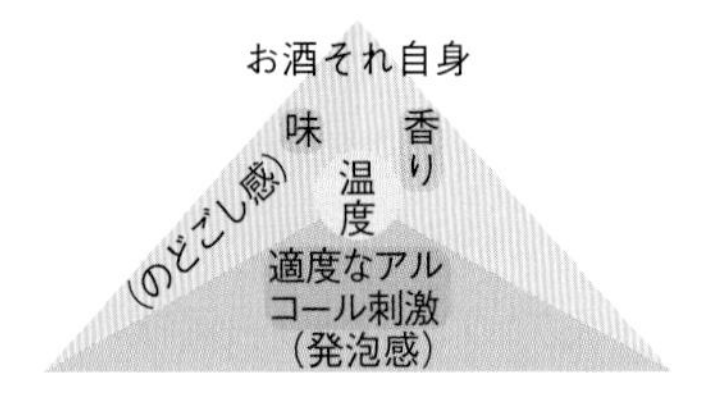

三つのうち，最初の二つには異論はないはずです。何度か述べているように，お酒には単なるアルコール液にはない味わいがあります。ほぼ純粋なアルコール液であるウオッカでさえも，原料に由来する成分が入っていて特有の味わいをもっています。他の蒸留酒も同様ですし，ましてリキュールや醸造酒の中にある味物質とにおい物質の種類は非常に多いはずです。これらには酸，エステル類，アルコール類，アルデヒド類，テルペン（シソやミントの香り成分）などの揮発性物質，アミノ酸，糖類，ポリフェノール，酸，プリン体などの味を決める物質があり，それらがいかにバランスよく含まれているかでおいしさが決まります。

アルコール刺激が必要って，どういうこと？

A：確かにアルコール刺激は，甘味，旨味，薄い塩味といった子供も含めた万人が認めるおいしさとは違います。おいしいお酒の条件の一つにも，普通ならば「アルコール刺激が少ない」があげられ，熱すぎる清酒や焼酎，体温で温まったワインや蒸留酒はアルコール刺激が強くなる悪い飲み方とされています。アルコール刺激がおいしさに必要と述べている本もほとんどありません。では，お酒にとってアルコール刺激はまったくの邪魔者なんでしょうか？　ノンアルコールのビールや梅酒を例にあげてみましょう。筆者も飲んだことがありますが，普通のお酒よりおいしいですか？　何か物足りない感じがしませんか？　実は辛党にとってはお酒が口の中でピリッとする「お酒を飲んでいる感」が妙に心地良く，お酒の必要条件になっていると思うのです。精神的満足感といっても良いかもしれません。少なくとも筆者にとってはそうです。ビールから弾ける泡の感覚を除いたら爽快感は半減しますが，泡の感覚もやはり刺激感の一種といって良いでしょう。必要以上のアルコール刺激はいりませんが，やはり適度な刺激がないとお酒とはいいがたいのでは？

Q12　お酒を寝かせると　おいしくなるってホント？

A：本当です！　醸造してしぼったばかり，蒸留したばかりのアルコール液には強いアルコール刺激があり，味も荒く薄っぺらで，お酒としてはまったくの未完成品です。出来たてのアルコール液はほぼ例外なく，短い場合でも数週間から２カ月間，多くは数カ月から数年間以上，タンクや樽などの中に置いておきます。この工程を俗に「落ち着かせる」，「慣らす」，「寝かせる」といい，これによって熟成が進み，“アルコール液”が“お酒”に変身していくことになります。

熟成のしくみはわかっているの？

A：熟成のしくみには二つあると考えられます。一つはアルコールが水となじむ水和というしくみです。アルコールには水となじみやすい酸素（O）と水素（H）からなる－OH 構造があり，どんな割合でもすぐに水と混ざります。しかしアルコールは水素結合というしくみで互いに弱く引き合っているため，ある程度は塊（かたまり）として残ります。一見，均一に見える水–アルコール混合液も，ミクロのレ

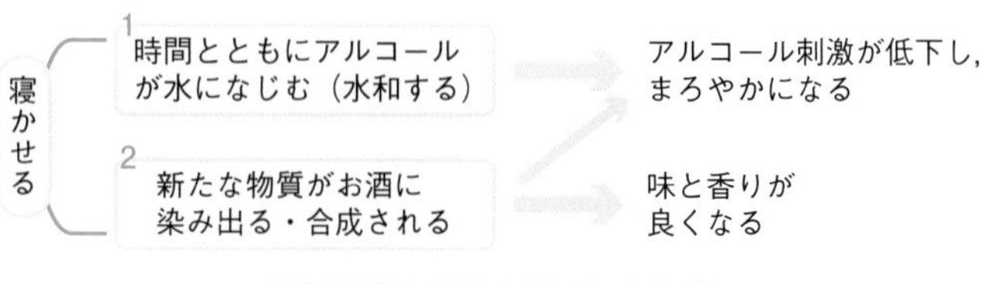

お酒は寝かせるとおいしくなる

ベルではまだ完全には混ざっていないのです。この状態ではアルコールが口粘膜を攻撃するので刺激感があります。ところが時間が経つにつれてアルコールどうしの相互作用が減り，水素結合によって水とアルコールとの結合が増え，塊状のアルコールもやがて水となじみ，分散していきます。諸説ありますが，よく混ざるまでに少なくとも数カ月以上かかるそうです。均一になった水-アルコール液はアルコール刺激が減ってまろやかになります。これが一つ目の熟成のしくみです。

熟成に木の樽を使うのはなぜ？

A：もう一つの熟成のしくみに，水，アルコール以外の“第三の物質”が関わる反応があります。酒類によって熟成期間が違うという事実が，この説の根拠にもなっています。たとえば赤ワインは30年以上の間，樽内で時間とともに熟成が進みますが，白ワインはせいぜい1年から3年で熟成が終わります。ちなみにガラス瓶ではこのタイプの熟成は起こりません。第三の物質には醸造過程で微生物によってつくられる物質，木材やブドウの皮や種に含まれる物質，ジンやリキュールなどでお酒に加えられる成分などいろいろあります。化学的にも酢酸やクエン酸などの酸，アミノ酸や脂肪酸，フェノールやポリフェノール，アルコール類やエステル類，アルデヒド類，糖などさまざまです。

第三の物質による熟成の最も単純なしくみは，これらの物質どうし，あるいはそれと他の物質やアルコールとの化学反応で生まれた物質が良い香りや味を生み出すというものです。たとえばジャパニーズウイスキーの樽材として使われるミズナラはお酒に香木のような香りをつけます。もっと一般的な例としては，酸がアルコール

ちょっと詳しく

即席でオールドなお酒を造る

ウイスキーやブランデー造りでは長期熟成した原酒を必要としますが，熟成原酒造りは長い歳月を要するため，これがウイスキーやブランデーを商品化する場合のリスクになります。このリスクを避けるため，新酒に手を加えて熟成状態を時間を短縮してつくる方法があります。即席熟成法の一つは新酒に何かを加えることです。加えるものとしては，果物エキス，糖蜜やブドウ糖，オーク木くず，濃縮した木のエキスなどがあります。「酒の入った酒瓶に割り箸を入れておくと酒が旨くなる」と聞いたことがありますが，これも同じことでしょう。極端な例として，「クセのない蒸留酒に濃縮したブドウエキスとカラメル色素を加えて“熟成ブランデー”に似た酒をつくる」というのがありますが，ここまで来ると，もはや熟成ではなく人造酒造りの世界ですね。一方，“添加”以外の方法もあります。たとえば温度を上げて熟成速度を早め，多湿にして樽内部のアルコールが樽外に出やすくする（アルコールが水のあるほうへ移動する性質を利用する），木に触れる相対的な面積を大きくするために小さい樽を使う，成分が反応しやすくなるように樽をころがしたり位置を変えたり樽を振動させるといった方法です。スペインのカナリア諸島のラム酒工場を訪れたとき，「樽にモーツァルトの音楽を聴かせています」という説明を聞いてビックリしたのですが，これも同じ理由に違いありません。

カナリア諸島のラム酒工場
モーツァルトを聞いている？

類あるいはフェノール類と結合してできるエステルがありますが，エステル類には芳香をもつものが多く，熟成を決める重要な成分になります。第三の物質やそれらの化学反応によりできた物質が，アルコールの水和を促進させるという説があります。たとえば樽材やブドウの種や皮から染み出てくるポリフェノール，そして糖類などは水素結合に関わる －OH 構造がたくさんあり，アルコールに作用して，アルコールと水との水和を促す可能性があります。第三の物質が関わる熟成は人為的に操作しやすいので，左のコラムで紹介するような即席熟成法に応用されます。お酒はきつくて飲めないという人でも，「お屠蘇(とそ)にすれば意外に飲める」という話はこれに関係しているかもしれません。

第 III 部

お酒を一生楽しく飲むには？

いくら良いものでも，度が過ぎたりすると，状況によっては悪い面も出てきます。お酒もそうです。お酒で失敗したり，体を壊すことなく，一生楽しく飲み続けるためにも，お酒のポジティブな面と同時にネガティブな面も知っておきましょう。そうすれば安心，納得してズ〜ッとお酒を楽しむことができます。第Ⅲ部では，1章でまずお酒と体の関係をおさえ，2章でお酒が体に及ぼすストレスについて知り，最後の3章で健康にプラスになると思われるお酒情報を紹介しようと思います。第Ⅲ部では飲酒と健康の関係についての話題が多いので，説明を簡単にするためにあらかじめ摂取アルコール量をわかりやすく表現できる“単位”を決めておきます。一般にはアルコール20gを1単位とすることが多く，本書もこの基準で述べることにします。1単位のお酒は清酒だと約1合弱，ビールだと中瓶1本，ウイスキーだと約60mL（2オンス，ダブル1杯）です（表18）。

表18　アルコール1単位（20g）に相当するおおよその酒量

酒　類	標準的アルコール濃度	1単位に近い区切りのよい酒量とそのアルコール量[注]
ビール	5%	500mL（中瓶1本），20g
清　酒	15%	180mL（1合），21.6g
ワイン	12%	188mL（¼ボトル，小さめのグラスで軽く2杯），18g
ウィスキー	40%	約60mL（ダブルで1杯，2オンス），19.2g
焼　酎	25%	100mL（湯のみで1杯），20g

注　計算式：アルコール濃度（%）÷100×酒量×0.8（アルコールの比重）

① お酒と健康の間の不都合な真実

月　日（　）

お酒は肥満の原因になるの？

お酒と健康との関係は，辛党にとっての一大関心事です。体にストレスを与える事例をお酒との関係で見ていきましょう。

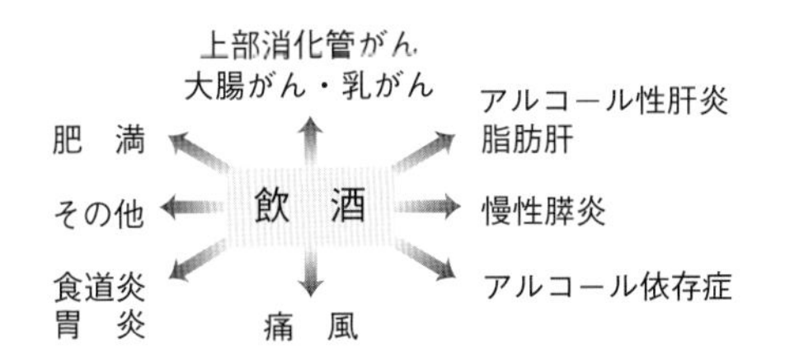

飲酒に関連する病気

まずお酒を飲むと太るといわれますが，実際はどうなのでしょうか？　163 ページで述べたように，アルコールは肝臓で代謝されて酢酸になり，それぞれの細胞でアセチル CoA に変わってからエネルギー生産に使われます。しかしアルコールを過剰に摂取するとエネルギー生産にブレーキがかかり，余ったアセチル CoA が脂肪酸合成に使われ，できた脂肪酸（オレイン酸，リノール酸など）から中性脂肪ができます。中性脂肪が皮下や内臓にたまった状態が，ご存知のとおり肥満です。アルコールで太るのはこのためで，お酒の種類とは関係ありません。つくられた脂肪が肝細胞に蓄積すると肝臓が脂肪を蓄えたフォアグラ状態の脂肪肝に変化し，肝機能が落

表 19　お酒のカロリー

酒　類	アルコール分(%)	100 mL 当たりのエネルギー(kcal)	アルコール 1% 当たりのエネルギー(kcal)
本格焼酎	25.0	146	5.8
ウイスキー	40.0	237	5.9
ウオッカ	40.4	240	5.9
ワイン	11.6	73	6.3
清　酒	15.4	103	6.7
紹興酒	17.8	127	7.1
ビール	4.6	40	8.7
梅　酒	13.0	156	12
本みりん	14.0	241	17.2

ちてしまいます（後述）。

お酒に含まれるカロリーを表 19 に示しました。アルコール自体にカロリーがあるため，アルコール濃度の高い蒸留酒は一般に高カロリーです。蒸留酒に対し，醸造酒は糖質を中心とするエキス分や他のエネルギー物質も含むので，アルコール濃度当たりのカロリーは高めになります。糖分の多い梅酒やみりんは特に高カロリーです。この表によると，梅酒やみりんなどを別にすれば，同じ酔いが得られるお酒当たりのカロリーが低いのはウイスキーなどの蒸留酒，高いのはビールということになります。

ただ，お酒を飲むだけならべらぼうにカロリー過多ということはありません。1 回の食事のカロリーは約 600～1200 kcal ですが，仮にワインを 1 瓶空けても 550 kcal にしかならないのです。実は飲酒で摂取カロリーが増えてしまう大きな原因は，アルコールの食欲増進効果のためについ食べ過ぎてしまうつまみにあるのです。ビール好きはとりわけ太るといわれ，実際ビール大国のドイツには樽のような“ビール腹”の人がたくさんいます。第Ⅱ部で述べたように，ビールにはアルコール以外にもカロリーをもつ麦芽由来の糖質，ホップや炭酸ガスなどの食欲刺激物質，そしてアルコール吸収促進物質が含まれているために，どうしても食べ過ぎになりがちです。ちなみに182ページで述べた，飲んだ後特においしい“〆(しめ)のラーメン”は1杯で約500〜1200 kcalもあるのです。

「お酒はエンプティカロリーなので太らない」はウソ

エンプティカロリーとはカロリーがないことではなく，カロリーになる以外の栄養素がないということを意味します。お酒はまさにこの定義に当てはまります。アルコールは解糖系（8ページ図）を経ずに，すぐエネルギーづくりにまわされます。そのため，糖や脂肪に比べればエネルギーとして消費される割合が高く，脂肪になりにくい（太りにくい）のですが，それも程度問題で，飲み過ぎは結局肥満につながります。またエンプティカロリーがあった場合，通常の栄養素の利用は後回しになりますが，最終的には物質の合成や貯蔵に利用されます。結局それが余剰カロリーとなって脂肪がつくられてしまいます。

アルコール毒性のおもな標的：肝臓

酔いはアルコールが神経細胞に作用して起こります。血中アルコール濃度が0.02％を超えると酔いの症状が出ますが，これが0.4％を超えただけで命に関わるため，体内に入ったアルコールは速やかに無毒化（解毒(げどく)）されなくてはなりません。解毒は肝臓で行われます（163ページ）。肝臓はヒト最大の臓器で，次図のように

代謝・合成・貯蔵
脂肪酸 中性脂肪
コレステロール アルブミン ケトン体
グリコーゲン リポタンパク質

解 毒
アンモニア
アルコール
アセトアルデヒド
毒物 薬剤

消 化
ヘモグロビン分解
ビリルビン合成
胆汁酸合成 鉄の代謝
胆汁の生成・分泌

その他
抗炎症 造血（出生前）
恒常性の維持

肝臓のはたらき

物質の代謝，合成，貯蔵（脂肪酸や中性脂肪，コレステロール，血液タンパク質のアルブミン，糖が多数連なったグリコーゲンなど），毒性物質（アンモニア，アルコール，アセトアルデヒド，体内に入った有毒物質など）の排出と解毒，消化に必要な胆汁の合成などと

ちょっと詳しく

飲酒は肝臓のみならず，膵臓（すいぞう）にも影響

頻度は高くありませんが，膵臓の炎症がゆっくり進む慢性膵炎のおもな原因，実はアルコールなのです。膵臓はタンパク質分解酵素のトリプシンなど，多くの消化酵素をつくって十二指腸に分泌します。トリプシンは膵臓にあるときには働かず，腸に入ってから構造が変化して働けるようになります。しかしアルコールがあると不活性なトリプシンが何らかの理由によって膵臓組織内で活性型になり，それが膵臓組織を溶かして炎症を起こしてしまいます。病状が進むと膵臓はもとに戻ることなく繊維化して硬くなり，働きが落ちて重症化してしまいます。結局，断酒せざるを得なくなります。

いった多くの働きがあります。本章ではこのうちアルコールの解毒作用に注目します。

吸収されて全身にまわったアルコールは肝臓で代謝されて酢酸になります。酢酸はアセチル CoA となり，多くはエネルギー物質の合成に使われ，一部は脂質合成などにも使われます。エネルギーを得る過程で発生する活性酸素などが細胞を傷つけるとアルコール性肝炎になってしまいます。アセチル CoA は中性脂肪合成にも使われるので，肝臓に中性脂肪が蓄積して脂肪肝も発症します。肝臓はこのように飲酒によって二重に傷つけられます。

アルコールに限らず，肝炎になって肝細胞が傷つくと細胞から AST（GOT）や ALT（GPT）という酵素が血中に出てきて値が高くなります。健康診断でよくみる項目ですね。他方アルコールが原

ちょっと詳しく

休肝日は必要か？

「夕べは飲み過ぎたので今日は控えよう」。筆者を含め，心当たりのある方も多いのでは？　肝臓の値が悪くなり，医師から「週に何日かは休肝日を」と言われた読者もおられるのでは？　アルコールによる肝臓の負担を減らす一般的な方法がこの休肝日です。でも休肝日明けに「健康体に戻った」と思ってまたド〜ンと飲んだりしていませんか？　実はこれ，まったく肝臓のためになっていません。肝臓は復元力が高いので，働きに問題がなければ，1日1単位（表18）程度のお酒であれば，最近では休肝日は特に必要ないとされています。この目安は意外に重要で，ポイントは1週間の総アルコール量を抑えることです。その上で深酒せず，飲むときには肝臓に良い物を食べるようにしましょう。お忘れなきよう。

因で起こる肝炎や脂肪肝ではγ（ガンマ）-GTP 値が高くなるので，γ-GTP は飲酒による肝臓障害のマーカー（目印）に使われます。

アルコールによって慢性的に肝臓が傷つけられると肝臓が繊維化して硬くなり，肝硬変という後戻りできない状態になり，やがて肝臓がんになってしまいます。肝臓がんの原因の大部分は C 型または B 型肝炎ウイルスですが，以上のように飲酒でも発症率が上がります。肝臓は沈黙の臓器といわれ，重症になるまでは痛みもなく，「気づいたときは手遅れ」ということになりかねません。定期的に検査しましょう。

最初にお酒の影響が出るのは胃と食道

アルコールは胃液の分泌を促して食欲を増進させます。食前酒にはそういう役割があります。ただ大量にアルコールをとると胃液が粘膜を傷つけ，胃炎になったり，刺激の強い胃液が食道に上がって逆流性食道炎になる場合があります。食道は口に入れたお酒が薄まらずに通り，胃のように粘膜を保護するしくみもありません。そのため胃よりも炎症が起こりやすく，さらに痛みを感じにくいため，傷ついても見過ごされやすいので注意が必要です。アルコール濃度の高い蒸留酒をストレートで飲むと胸から胃にかけて焼けつき感を感じますが，超辛口好みの左党にとってはこの感覚が何ともいえず心地良いそうです。ただこのときには粘膜がアルコールによってただれているので，炎症を少しでも軽くするため，チェイサー（追うという意味）と交互に飲むようにしましょう。

痛風のおもな原因はビールではありません

知人に「痛風になってビールが飲めない」という人がいました。痛風は血中の尿酸が増え過ぎて血液に溶けきれずに針状の結晶になり，それが足指などの関節を攻撃して関節が腫れる病気です。風が当たるだけでも痛いので痛風とよばれます。

細胞が死ぬと細胞内部の核酸という物質，皆さんも一度は聞いたことがあるDNAやRNAのことですが，これも素材にまで分解されます。素材の一つに一般にプリン体といわれるプリン構造をもつ物質（アデニン，アデノシン，グアニンなど）があります。このためプリン体は動物の内臓，精巣，卵巣といった細胞を多く含む食材に多く含まれます。ちなみに筋肉は細胞が巨大なため，細胞数は意外にも多くありません。プリン体が体内で変化してできる物質が尿酸で，腎臓の作用によって尿から排出されます。

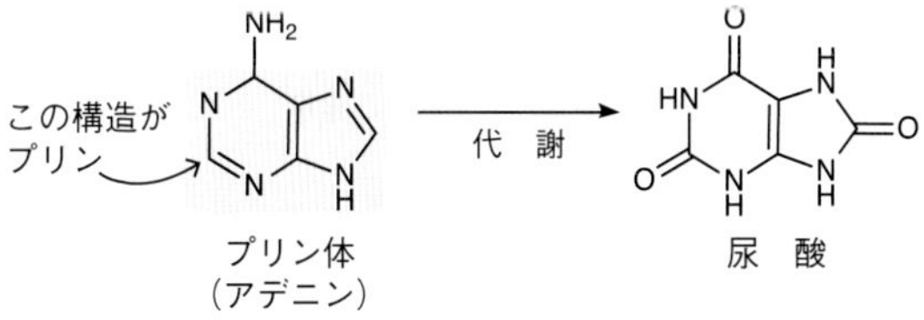

この構造がプリン
代謝
プリン体
（アデニン）
尿酸

血中尿酸の多くは死んだ体の細胞由来ですが，一部は食事由来です。尿酸値上昇には性差（男性が多い），運動不足，カロリー過多，そして飲酒が関係します。ビールは原料の麦芽にプリン体が含まれているので，よく「ビールが痛風の原因」といわれますが，これは厳密には正しくありません。そもそも通常の1回の食事でとるプリン体はビール以上ですし，死んだ体の細胞からできるプリン体はビールのプリン体より圧倒的に多いのです。

また，飲酒によってアセチルCoAができますが，このとき副産物としてプリン体であるAMPが大量にでき（次ページ図），たまったAMPが排出される際に尿酸に変化するので尿酸値が上がります。アルコールの脱水作用が血中の尿酸濃度を上げてしまうことや，アルコールが腎臓の尿酸排出を邪魔してしまうことも痛風の発症に大きく関係します。つまり痛風の原因はビールに特有のものではなくアルコールそのものによるので，他のお酒でも起こるのです。

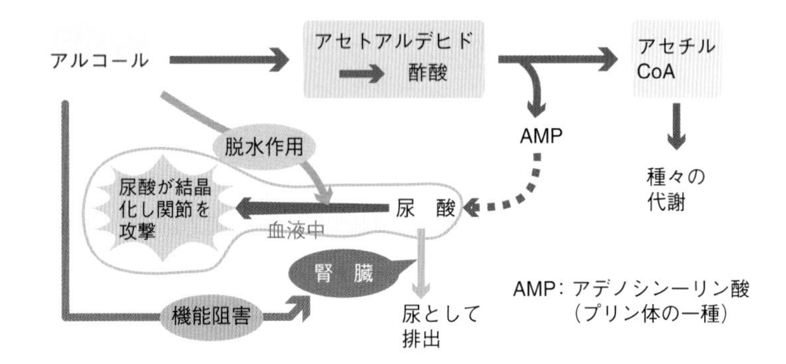

飲酒による痛風の発症

 アルコールとがんとの関係はどうなってるの？

1．がんはどうしてできるのか　飲兵衛には頭の痛い話ですが，程度の差こそあれ，飲み過ぎががんのリスクを上げることはどうやら間違いないようです。がんになると細胞は抑制がきかずにどんどん増殖して体を蝕（むしば）んでいきます。がんは増殖に関する遺伝子の変化によって起こりますが，変化は遺伝子をつくる DNA への物理的攻撃（紫外線，熱など），化学的攻撃（タール成分などの化学物質），DNA 合成の間違いなどが引き金になります。飲酒との関係を考えると，おもな原因はアルコールが分解されてできるアセトアルデヒドで，これが DNA と結合して DNA の傷になり，それが DNA 構造の変化として固定されてしまいます。構造が変化した遺伝子によってがん化を抑えるタンパク質がつくられなくなったり，がんをひき起こす異常タンパク質がつくられたりします。

2．上部消化管のがん　肝臓がん以外では，飲酒との関係で特に問題になるがんとして，口腔がん，咽頭がん，食道がんといった上部消化管のがんがあげられます。意外ですが，アルコールによる胃がんの危険度は相対的には低いようです。口，のど，食道はお酒の通り道であるため，アルコール刺激が細胞のがん化に結びつくとも考えられます。その他にも，アルコールが肝臓で代謝され，できたアセトアルデヒドが肝臓 → 血液 → 唾液とともに口腔内へ分泌 → 咽頭 → 食道 → 胃と移動し，移動する間にそれぞれの場所で細胞を攻撃すると考えられます。

3．大腸がん　大腸がんは日本では発症数トップクラスのがんで，食習慣が引き金になるとされていますが，飲酒も発症率を上げます。実はアルコールをアセトアルデヒドにするADHの遺伝子型と発がんとの間にあまり相関がないという事実があり，それに代わって発がん原因として葉酸欠乏説が提唱されています。葉酸はブロッコリーやホウレンソウといった葉物野菜に多く含まれるビタミンB群の一種で，DNA合成に必要です。大腸にいる常在細菌もアルコールからアセトアルデヒドをつくるので，アセトアルデヒドが大腸での葉酸の取込みや働きを阻害し，傷ついたDNAの修復のために行われるDNA合成が阻害される，というのが大腸がん発症の葉酸欠乏説です。

4．乳がんと飲酒　飲酒量が1日1単位増えると乳がん発症率が10%上がるといわれているように，乳がんと飲酒との間には明らかな関連があると考えられています。特に40歳以上の閉経後の女性で上昇するといわれていますが，原因はまだ完全には解明されていません。アセトアルデヒドによる葉酸の働きの阻害（上述）やアルコール分解によりDNAを傷つける活性酸素種（過酸化水素，スーパーオキシド）が増えるという一般的な原因，がん細胞の増殖を高めたりアルコール脱水素酵素の活性を高める女性ホルモンのエストロゲンが関係しているといわれています。

5．飲酒リスクとその抑制　アルコールとがんの関係は今では「ほぼ確実」というレベルになっていて，飲まない人と比べると，発がん率上昇は，1日の飲酒量が2単位未満では小さいものの（1.1～1.2倍），2～3単位で1.4倍，3単位以上で1.6倍と有意に上昇します。タバコによる肺がんと喉頭がんの発症率の上昇はそれぞれ4～5倍と10倍以上ですので，それよりはずっと低いですが，飲酒ではアセトアルデヒドがおもな原因になるため，アセトアルデヒドを分解する力が弱い人はいっそうの注意が必要です。ちなみに飲酒に喫煙が加わると，発がん率が相乗的に上がるといわれていま

ちょっと詳しく

遺伝子は飲んだことを忘れていない

アルコールの分解でできるアセトアルデヒドなどは遺伝子を傷つけます。その結果生じる遺伝子の変化は細胞分裂後ももとに戻らずに残り，原因を取除いても帳消しにはなりません。アセトアルデヒドに限らずタバコや他の発がん物質でも，遺伝子が受けた傷は記憶され，変化した構造として残ります。がんはこのような遺伝子の構造変化が積み重なって起こります。たとえばがんになるのにA，B，C，三つの遺伝子の変化が関わる場合，遺伝子Aが変化しても細胞は見かけ上変化せず，次の変化が遺伝子Bに起こってようやく前がん状態になり，最後に遺伝子Cも変化して正真正銘のがんになります。これががん化の実際のプロセスで，完了するのには数年から数十年もの歳月を要します。高齢になってがんにかかりやすくなるのはこういう理由によるのです。

す。最近，1日100 mLのワイン（0.5単位）でも発がん率が少し（1％程度）上がるという報告が出ました。ただし発がん率は運動，肥満度，生活習慣，食事，体質（遺伝子）しだいではもっと高くなるので，飲酒だけに必要以上に神経質になることはないと思います。甘いでしょうか？

アルコール依存症は心の病気

辛党がひそかに抱いている不安，それは「依存症になったら…」ではないでしょうか。そういう筆者も，のどを湿らせる程度ですが頻繁に晩酌するので，気にはなります。アルコール依存症（アルコール中毒）の目安は日に3単位以上の習慣的飲酒ですが，日本にはおよそ100万人の患者と，1000万人の予備群がいるとされています。結構多いですね。予備群は日に2単位の恒常的飲酒者（ハイリスク群）と1単位の恒常的飲酒者（ローリスク群）に分けられます。飲酒のパターンには依存症の可能性が低い機会飲酒，中程度の習慣飲酒，そして高い脅迫飲酒（時間や場所に関係なく飲む）がありますが，習慣飲酒する人が理由をつけて飲酒量を増やしていくとハイリスクに移行してしまいます。依存症にならないため，またお酒で体を壊さないためにも，「適量を超えて飲むのは『特別なことがあったとき』だけ」という機会飲酒をおすすめします。

アルコール依存症の診断基準には酒量もありますが，「飲酒で身体的，精神的病状が現れる」，「暴力，家庭不和，労働困難などの問題が起こる」，「医師，上司，家族など，周囲から注意されても問題が解決されずに飲酒が続く」といった状況でも判断します。依存症になるとγ-GTP〔正常値0〜50（100）単位/L〕が数百〜数千に上がります。ただ，病気の本質は肝臓の状態悪化というより，アルコールによって上記のように生活が難しくなり，それを自分で改善できないという，いわば精神の病気の一つと捉えるべきです。病気なので，専門家や周囲と協力して治療・回復プログラムをつくり，実行と評価を行って気長に治療する必要があります。

女性の飲酒には特別な配慮が必要

女性の体はアルコールに対して男性より敏感に反応します。女性は一般に体重が男性よりも少なく，体脂肪率が高いために体内水分量が少なく，かつ肝臓も小さいので血中アルコール濃度が上がりやすく，処理能力も高くありません。アルコール許容量は男性の半分程度と考えてください。厚生労働省が公表している生活習慣病のリスクを高める酒量でも，男性が１日に２単位なのに対し女性は１単位となっています。アルコール性肝炎の進行も女性のほうが速いといわれています。

女性特有の問題点もあります。まず月経前症候群の不調から精神的に不安定になりがちなので，飲み過ぎたり依存症になるリスクがあります。さらに閉経後の女性はアルコール脱水素酵素の活性を高める働きをもつ女性ホルモンのエストロゲンが減るためお酒に酔いやすくなります。更年期障害から，うつ，精神的不安定，睡眠障害が引き金になって習慣的飲酒者や依存症になる人も少なくありません。さらに前述のように，飲酒による乳がん発症率の上昇も見られます。

② 飲酒「べからず」集

月　日（　）

食べずに飲むべからず

よく「本物の酒飲みは食べない」などといわれます。早く酔いを感じたいのでしょうが，これ，不健康な飲み方の典型です。食べることのメリットはたくさんあります。まず肝臓の機能に必要な栄養（例：糖分，タンパク質，ビタミン，アミノ酸，ポリフェノール）がとれるので悪酔いしにくくなります。また食べ物があることでお酒が薄まるので食道炎や胃炎になりにくく，アルコールの吸収が遅くなります。このため血中アルコール濃度の上昇が緩やかになり，酔いが軽くなります。信憑性に疑問がありますが，胃粘膜が脂肪で覆われてアルコールの吸収が遅くなるという説もあるそうです。他

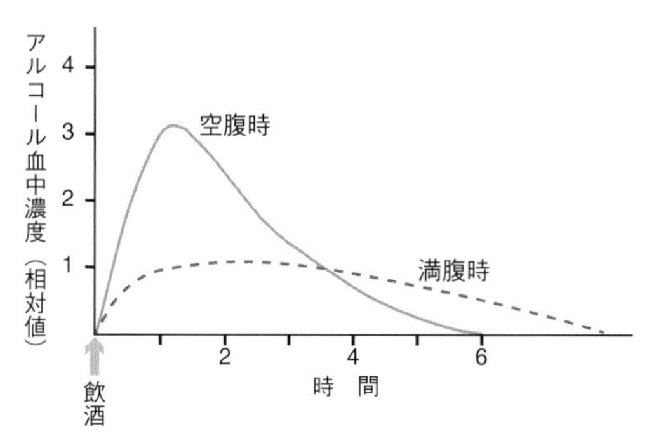

食事と血中アルコール濃度の関係

方，お酒は食欲を増進し，どうしても食べ過ぎ，太りがちになるので，食べることには注意も必要です。飲んで体がエネルギー飽和状態になっているところに「〆（しめ）の一杯」が入ると，とったカロリーが燃えずに脂肪になってしまいます。飲酒によって失われる塩分を補うために，塩分もとり過ぎになりがちなので注意が必要ですね。血圧が上がり，腎臓にも負担がかかります。

お酒で薬を飲むべからず

さすがに薬をお酒で流し込むという人はいないでしょうが，問題になるケースは飲酒のすぐ前あるいは後の服薬です。これがダメな理由は，薬の効き方や副作用が飲酒によって強くなり，さらに薬も肝臓で解毒処理されるので肝臓にさらにストレスがかかるためです。解毒には 180 ページで説明したアルコールをアセトアルデヒドに変える MEOS というしくみが使われますが，体内にアルコールがあると MEOS の一部がアルコールの分解にまわってしまい，薬が解毒されにくく，つまり効きやすくなります。薬は通常，解毒も考慮して服用量が多めに設定されているため，注意が必要です。

服用量で特に注意を要する薬は脳神経系に作用する精神安定剤などの向精神薬，睡眠薬，鎮痛薬などで，睡眠薬は昏睡におちいる危険性もあります。血圧の薬（降圧剤。とりわけ利尿作用に基づく降圧剤）や糖尿病の薬も注意が必要で，場合によりそれぞれ低血圧によるふらつきや低血糖による意識喪失の危険があります。血のかたまり（血栓）を溶かす抗血栓症薬はお酒で効きやすくなるために血が止まりにくくなり，脳出血など，出血の危険性が増します。なお大量のお酒を習慣的に飲んでる人は常時 MEOS 活性が高いため，薬が効きにくい体質になっていることも覚えておきましょう。風邪（かぜ）薬の成分であるアセトアミノフェンは MEOS 経路の酵素によって構造が変化して肝臓毒性を示すようになります。飲酒時に薬を服用する場合は，アルコール1単位につき3〜6時間くらい，つまりアルコールがほぼ抜けるまでは服薬を控えるようにしましょう。お酒に弱い人はより長い時間が必要です。

飲んだらお風呂に入るべからず

家の中で体の異変が突発的に起こりやすい場所は浴室です。これは体が感じる急激な温度変化（ヒートショック）が血圧の急激な下降や上昇といった変動を起こし，それが引き金になってふらつき・めまい，意識障害・失神，脳卒中や脳出血などの脳血管障害，そして心不全などを起こしやすくなるためです。ヒートショックによる体の変化の例として，寒い脱衣場での急激な血圧上昇，湯船につかって起こる急な血圧下降と，その後急に立ったときの立ちくらみなどがあります。湯船ではゆっくり立ち上がるようにしましょう。事故は寒い冬に集中するので，事故回避のために脱衣所を暖めておくことが有効です。

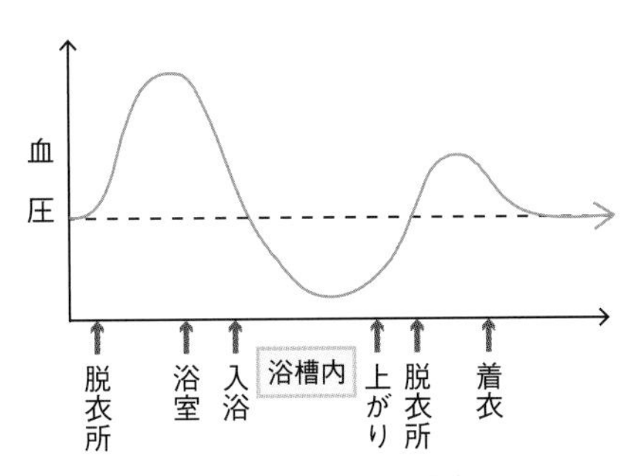

入浴における血圧の変化

入浴にはこのような危険が潜んでいますが，そこにお酒が入ると危険性はいっそう高まります。まず酔っていると突発事故が発生した場合に的確な判断ができず，対応が遅れます。さらに飲酒で血圧が下がっているときに熱い湯船に入ると毛細血管が開いて血圧がさらに低下し，意識が遠のいたり急な眠気に襲われて溺れる事故が発生してしまいます。飲んだ後で睡魔が襲ってきたらお風呂，少なくとも湯船はやめるべきです。アルコール常飲者は血圧が高い傾向にあるので，寒い脱衣所での血圧上昇によるリスクがより大きくなります。酔って足元がおぼつかないと浴室内での転倒という危険性も高まります。同居人がいる場合は何かあってもすぐに発見されるよう，お風呂に入るときは一声かけましょう。独り暮らしの場合や，泥酔している場合は特に注意が必要で，入浴する場合は飲んだ後少なくとも3〜4時間は空け，ぬる目（40 ℃程度）のお湯か，できたらシャワーにしましょう。

寝酒をするべからず

外国では眠れない場合はカフェインを抑えたり，睡眠薬を飲んだり，病院へ行ったりしますが，日本では薬は体に悪いと思うせいなのか，寝酒で対処する人が結構います。アルコールには睡眠導入効果があり，確かに寝付きはよくなります。しかしお酒では深い眠りは得られず，3時間も経つと必ず目が覚めてしまいます。覚醒効果はアセトアルデヒドが脳に作用し，活動に関わる自律神経の一種，交感神経を活発化させるために起こります。このような質の悪い睡眠が続くと，心身の緊張状態が続く過覚醒という状態になって精神が不安定になり，うつ状態になることもあります。他方，寝酒による入眠効果は数日も経つと弱くなってしまうため，最初の量では効かなくなって酒量が増えやすくなり，つづけると依存症の危険性が高まります。どうしても眠れない場合は，遅い入浴やカフェインの摂取といった寝る前の生活習慣を改め，必要に応じて医療機関を受診しましょう。

飛行機では調子にのって飲むべからず

飛行機では飲み物が無料ですし，楽しい旅気分もあってお酒を飲みがちですが，「酔いが早くまわる」という声をよく聞きます。機内は酸素が薄く，約 0.8 気圧という富士山 5 合目相当の低い気圧になっています。低酸素になると脳の働きが鈍って軽い酔いの状態になりますが，そこにアルコールが入ると酔いを強く感じるようになります。よくいわれる「低気圧で血管が開き，アルコールが早くまわる」や「アルコール分解に必要な酸素が足りなくなる」といった説明には明確な証拠はないようです。

ところで機内の飲酒には地上とは違う危険性が潜んでいます。飛行中，機内の湿度はカラカラ状態の 20～30% にまで低下し，体から水分がどんどん抜けていきます。このため血液が濃くなって血管内に血のかたまり（血栓（けっせん））ができ，それが肺に詰まる肺血栓塞栓症，いわゆるエコノミークラス症候群（現在は旅行者血栓症といいます）が起こりやすくなります。お酒を飲むとそこにアルコールの脱水作用が加わって血栓症のリスクが高まります。心臓病や糖尿病など，血管に関わる不安を抱えている人は血中酸素濃度が下がる機内で病状が悪化しがちですが，アルコール自身も血中酸素濃度の低下をひき起こすため，危険性が増してしまいます。機内では飲酒量を控えめにし，こまめに水分（1 時間当たり 50～100 mL）をとりましょう。

一気飲みするべからず

飲酒すると血中アルコール濃度 0.02% くらいから酔い始め，濃度が上がるにつれて酔いが深まり，0.4% 以上になると意識混濁，昏睡といった急性アルコール中毒になり，最悪の場合死亡することもあります（165 ページ）。このように，症状が出始める量から致死量までの濃度範囲が狭いのがアルコールの特徴です。肝臓でのアルコール分解速度は一定なので，飲むピッチが速いと血中アルコール濃度が一気に上がって致死量に近づいてしまいます。

お酒を味わわず，一息に数単位以上，大量に流し込む一気飲みは，血中アルコール濃度が急激に致死量に達する危険な飲み方なのです。一気飲みは，気が大きくなって場を盛り上げるためにする場合もあるでしょうし，強要されて飲むアルコールハラスメントの場合もあるかもしれません。一気飲みによる事故は学生や新入社員といった若者の間で起こりがちで，死亡事故も報告されています。筆者が以前勤めていた大学でも在職期間中に複数の一気飲み死亡事故がありました。若者はノリの良さに加え，飲酒経験が浅いために適量や限界がよくわかりません。飲み過ぎた後の結果が予想できずに，度を超す飲酒をしがちです。注意しましょう。

妊娠・授乳中は飲むべからず

前章で女性が飲酒に関して留意する必要がある病気は，乳がん，肝炎，アルコール依存症と説明しましたが，それ以上に注意が必要なケースは，影響が不可逆的・先天的に出る妊娠期～授乳期の飲酒

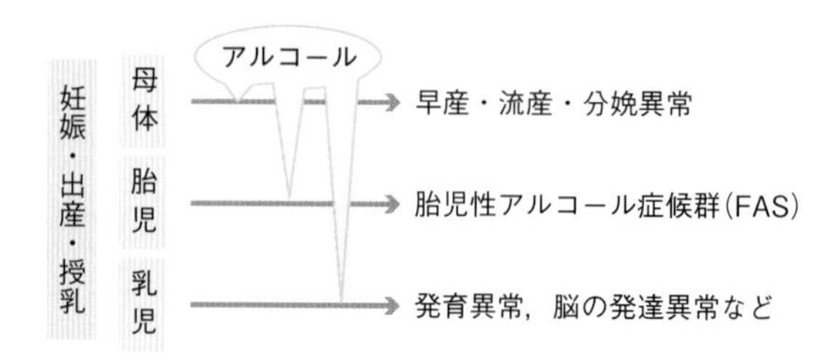

妊娠，出産(後)におけるアルコールの影響

です。まず妊娠中に飲酒すると早産，流産，分娩異常といった問題が起こりやすくなります。さらに母体のアルコールは胎盤を通って胎児に移るので，脳神経系を中心に胎児にさまざまな影響が出ます。飲酒した妊婦から誕生した子供には，発達遅延や低体重，小さな脳容積，中枢神経系の異常（学習・記憶能力，視覚・聴覚障害など），特徴的顔貌（小さい目，薄い唇など），心臓・腎臓などの内臓の先天異常といった，いわゆる胎児性アルコール症候群（FAS）が発症しやすくなる危険性があります。

さらにアルコールは母乳に移行しやすく，しかも母乳のアルコール濃度はほぼ血中と同じなので，乳児にとり込まれてやはり発達に影響します。飲酒が妊娠前後の母体と胎児や乳児に影響を与えることははっきりしており，お酒の容器にもその旨の注意が必ず記されています。妊娠がわかったら飲酒をやめたほうが良いのはもちろんのこと，アルコールの影響は妊娠初期のほうが特に大きいので，妊娠を考えている場合も用心のため飲酒を控えましょう。

③ お酒を百薬の長にする

月　日（　）

「酒は百薬の長」は中国古典にある，お酒を礼賛する言葉です。欧米にもお酒を讃える似た言葉「良いワインは良い血をつくる」があります（ただし，アルコールが造血を阻害するので，科学的にいうと間違っているのですが）。これまで何度も触れてきたように，度を超した飲酒や間違った飲み方は体に毒ですが，適量の飲酒は体や心にポジティブに働き，生活を豊かにしてくれます。この章ではお酒の長所や効用，それを生かす飲み方について述べます。

清酒は体にも良いし，肌にも良い

微生物が健康に良い成分をつくったり，栄養素を消化，吸収しやすいように変えることから，味噌，納豆，チーズ，ヨーグルトなどの発酵食品は体に良いとされています。同じ視点で見れば体に良いお酒の筆頭は清酒です。清酒には 700 種ともいわれるほど多くの物質が微量含まれ，その中には免疫力向上，がん抑制，血糖値上昇抑制，高血圧抑制，心臓病抑制，老化抑制などに効果があるとされているものもあります。しかしいずれの物質も量はわずかなため，清酒を飲むだけで明かな健康増進効果が出ることは普通ありません。

清酒は他の酒類に比べてアミノ酸が多く，それによる効果が指摘されていますが，特に顕著だといわれるのが美肌や保湿に良いとされる化粧品効果です。事実，酒蔵で働く人は肌が白く，艶々(つやつや)しているといわれています。このような事実から清酒を化粧水のように使う人もいるほどですし，清酒や酒粕を原料とした化粧品や石けんも多数つくられています（菊正宗酒造のハンドクリームなど)。ちなみにこの目的のためには，飲用としては雑味になるアミノ酸の多い純米酒がおすすめですね。あまり削らない，精米歩合の高い純米酒は糠(ぬか)タンパク質が多く入り，アミノ酸の多いお酒になります。美白という点でいうとコウジ酸という物質も注目されます。糠に含まれるコウジ酸は清酒特有の成分ですが，これも肌や髪の色素であるメラニンの生成を抑える作用があります。

清酒を湯船に 1～2 合入れる酒風呂は体がよく温まりますが，こ

ちょっと詳しく

風邪のときは卵酒

清酒を健康回復に利用する庶民の知恵の筆頭は卵酒(たまござけ)ですね。民間療法の一つで，風邪(かぜ)のひきはじめに効果があるとされます。つくり方は簡単で，まず清酒を熱してアルコールを飛ばし，50～60 ℃に冷ました後で混ぜておいた卵を入れてかき混ぜ，砂糖や蜂蜜で甘くして飲みます。卵酒には風邪に効くと考えられるいくつもの理由があります。最も重要なのは卵白に含まれるリゾチームという酵素で，殺菌作用があり，実際に風邪薬にも使われています。リゾチームは 60 ℃以上の熱に弱いので，熱し過ぎないことがポイントでしょう。卵は栄養素やビタミンが多い食品ですが，清酒にもアミノ酸が含まれており，糖分も相まって相乗的に体力回復に働くと考えられます。血行促進作用のある清酒を温めて飲むと冷えた体が温まり，血行が良くなって効果がより高まるのでしょう。

の効果はアルコールだけではなくアミノ酸の効果もあると考えられ，実際，白鶴酒造や福光屋などの，メーカーから専用のお酒が発売されています。清酒にはアデノシンという成分が含まれていますが，これにも血管をひろげて血行を良くする作用があります。筆者は同じアルコール量でもとりわけ清酒を飲むと顔が火照（ほて）ると感じるのですが，これもアデノシンのせいでしょうか？　前出の蔵元さんが（38ページ）「蔵で働いている男性はみんな髪がフサフサ」といっていたのですが，ひょっとして清酒中のアデノシンは髪の発育にも効果があるのかもしれません。

これは薬です　健康面の利点がこんなにも。すごいぞ，本格焼酎！

科学的証拠に基づいて判断するならば，健康にとって最も良いお酒は本格焼酎です。有効成分は不明ですが，最近，本格焼酎や泡盛に血液をサラサラにするといわれるt-PA（組織プラスミノーゲンアクチベーター）を活性化する働きのあることが明らかにされました。加えて本格焼酎にはt-PAの血中濃度を高めたり，血液凝固反応のきっかけとなる血小板の血管内凝集という現象を抑える効果もあります。t-PAは血中のプラスミノーゲンをプラスミンにし，プラスミンは固まった血液，つまり血栓を溶かすことにより，血栓症，

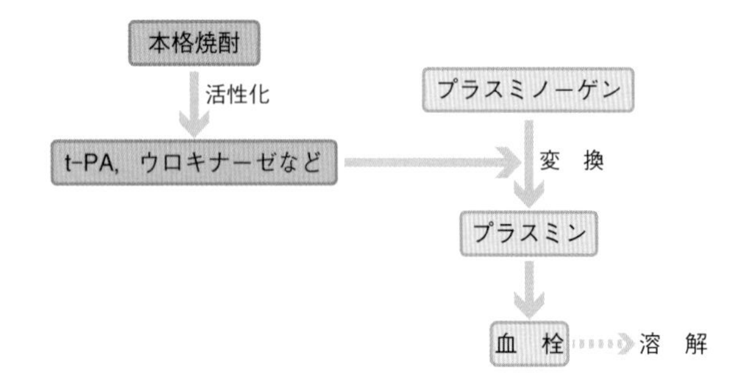

ちょっと詳しく

本格焼酎に見つかった糖尿病抑制効果

鹿児島大学の研究チームは複数の被験者を対象に，30分かけて食事（700 kcal）とともに飲酒させ，その後採血して糖の代謝状態を調べました（睡眠に対する効果も調べていますがここでは割愛します）。調べたお酒はビール，清酒，焼酎（芋焼酎）で，それぞれ2単位（清酒換算で2合）という量です。実験の結果，いずれのグループも血糖値は最初の1時間で上昇し，その後低下し，12時間後には平常に戻りましたが，最も上昇率の高かったのはビールで，次に水，そして清酒，焼酎の順になりました。つまり焼酎が最も血糖値上昇を抑えたのです。

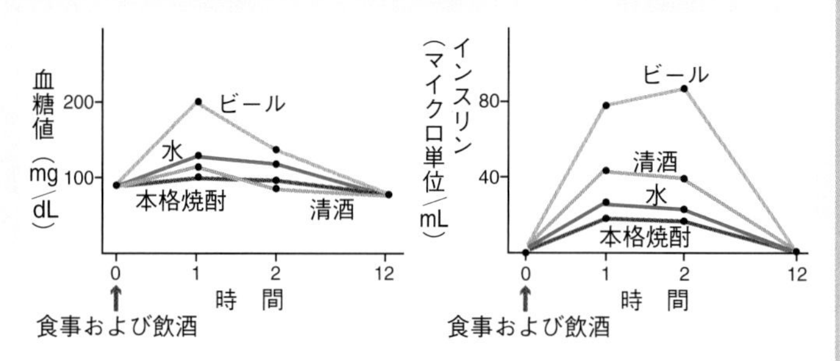

本格焼酎の血糖値抑制効果 ［DOI ＝ 10.7717/*Peer J.*, 1853］

ブドウ糖を細胞に取込むホルモンのインスリンの量もビールにより最も上昇し，次に清酒そして水と続き，焼酎は水よりもインスリン上昇が少なくなりました。この結果から本格焼酎には食事後血糖値の上昇を抑える働きがあることがわかりました。高血糖はいろいろな意味で体に悪いため，本格焼酎が糖尿病の抑制に有効である可能性が出てきました。被験者が6人と少ないですが，どうでしょうか？

心筋梗塞，脳梗塞といった虚血性疾患の防止に働きます。

他のお酒にも虚血性疾患を防ぐ一般的な効果がありますが，なかでも特に効果が大きいのが本格焼酎で，J カーブ効果（223 ページ）でもその効果が明確に見てとれます。しかもこれらの効果，芋焼酎と泡盛でその効果が大きいといわれています。飲んで効果があるのはもちろんのこと，香りを嗅ぐだけでも血液サラサラ効果があるそうで，有効成分は揮発性物質なのでしょうか？

本格焼酎には善玉コレステロールを上げて悪玉コレステロールを下げる効果があり，動脈硬化，高脂血症に対する予防効果が期待されているほか，芋焼酎の香り成分になっている揮発性成分のリナロールにはリラックス効果があるといわれています。飲んでも香りを嗅ぐだけでも良いということですね。

本格焼酎は糖質を含まないので糖尿病にとって良いのではないかと以前から期待されていましたが，最近これを支持する研究結果が発表されました（前ページコラム）。焼酎が他のお酒と何が違うかといえば醸造にクエン酸を多くつくる黒麹（こうじ）や白麹を使うことですが，これが何か体に良い成分を醸（かも）し出しているのかもしれません。いずれにせよ，本格焼酎は香りの良さに加え，カロリーが少なめでプリン体もなく，悪酔いや二日酔いになりにくいといわれて人気がありますが，健康にも良いとなれば今後さらに人気が出そうです。

赤ワインは体に良い !?

世はまさにワインブームですが，ブームを支えているのは「ワイン，特に赤ワインは体に良い」という，私達の大多数が抱いているワインに対する印象です。ワイン健康説の発端はフランス人科学者 S. ルノーが 1990 年頃に提唱した「フレンチ・パラドックス」です（パラドックスとは逆説や不一致を意味します）。これは「フラ

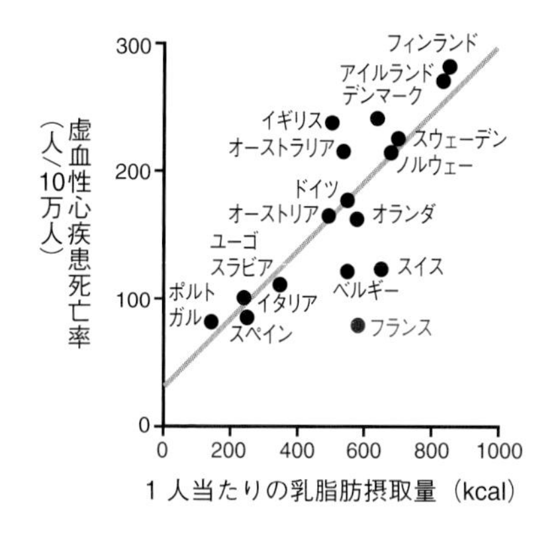

乳脂肪摂取量と心臓病死亡率［*Lancet*, 339, 1523-1526, 1992］

ンス人は喫煙率が高く，バターや肉などの動物性脂肪摂取量も多いのに，それらがリスクを高める心筋梗塞や狭心症といった虚血性心疾患による死亡率は逆に近隣諸国より低い」というものです。その後まもなく虚血性心疾患による死亡率はワイン消費量と負の関係にあることもわかり，フランスで特に多く飲まれる赤ワインが心疾患を抑えるという「赤ワイン健康説」が生まれました。ブドウの果皮や種子にはそれぞれアントシアニンやレスベラトロール，カテキン類やタンニンなどのポリフェノールが多く含まれ，赤ワインもポリフェノールを多く含みます。ポリフェノールには細胞を傷つける活性酸素種を除去する抗酸化作用があり，それが健康に良い理由であるとされました。さらにワインの主要なポリフェノールであるレスベラトロールが，悪玉コレステロールの酸化による動脈硬化の悪化を抑えるという機構も示され，赤ワイン健康説がうまく説明できるようになりました。赤ワインのポリフェノールには胃がんの原因となるピロリ菌を抑えたり，アルツハイマー型認知症を抑制する効果も報告されています。

盤石と思われた赤ワイン健康説ですが，その後科学的方法に基づいた赤ワイン健康説を否定する研究結果がいくつか発表されるようになりました。代表的なものとしてはアメリカのジョンズ・ホプキンス大学が赤ワインで有名なイタリアのキャンティ地方で行った大規模で長期間に及ぶ調査研究で，その結論は「血中レスベラトロール濃度と炎症，がん，循環器系疾患，死亡率の間には何の関連性も見られなかった」というものです。さらに，前図のような解析を別の時期に焦点を当てて行ってみると，死亡率とワイン消費量との間には関連性が見られず，またフランスでワイン消費量が大幅に減った時期でも，死亡率にはほとんど変化がなかったということもわかりました。アルコールは適量だと酒類に関係なくある程度の血管拡張効果があるので，虚血性心疾患死亡率を減少させます。そのため，（赤）ワインを多量に消費するフランスで単純に図のような結果が出たのかもしれません。あるいは単なる統計処理による人為的な結果とも解釈できます。

日本では（赤）ワインの消費量が非常に少ないのに，ヨーロッパに比べて虚血性心疾患がずっと少なく，これはジャパニーズパラドックスといわれています。日本人はそもそも欧米人と比べて虚血性心疾患による死亡率が低いので，仮に赤ワイン健康説が本当だとしても，それが日本人全体の中での死亡率を有意に下げるかどうかは疑問です。この図で見ている結果は虚血性心疾患に限ったものですが，たとえばアルコールによる典型的肝傷害である肝硬変，肝臓がんで見ると，フランスはそれらによる死亡率が高く，さらにあまりワインを飲まないイギリスや日本に比べて平均寿命が短いという事実もあり，この点も赤ワイン健康説が疑われる理由になっています。そういうことなので，真実かどうかがはっきりするまでは，まずは適量でワインを楽しむことにしましょう。

ビールには食欲増進以外にも良いところが！

ビールの特徴の一つは圧倒的な食欲増進効果ですが，この効果は197ページで述べたように，ビールの成分，炭酸ガス刺激，そしてホップの効果が相まったものです。ビールが料理をおいしくするのはなぜなのでしょう？　唐揚げはビールとよく合いますが，口に残った旨味を含んだ油をビールで洗い流すことでまた食べたくなるのが理由だとよくいわれます。しかしそれなら炭酸水でもいいはずで，ビールにはそれ以上の効果があるはずです。筆者はホップの苦味が鍵になっていると思います。いったん舌に苦味を感じさせることにより，次にくる旨味の感覚を強める効果があるのではないでしょうか。そうです，甘いお菓子に苦いコーヒーや緑茶がよく合うのと同じ理屈です。お酒と肴の相性については234ページでまた見ていきましょう。

ビールはアルコール分当たりのカロリーが高いので太りやすいといわれますが（196ページ），健康面の利点はどうなのでしょう。まずビールには酵母が入っており，それが腸内環境を整えるといわれています。事実，乾燥ビール酵母が整腸薬として利用されています。この効果は酵母がたっぷり入っているクラフトビールや白ビールで大きいでしょう。ビールには動脈硬化や脳血管性認知症の予防効果があるといわれていますが，これはホップに含まれるポリフェノールによると考えられています。ホップがもつ女性ホルモン様物質（フィストロゲン）は動脈硬化防止に効果があると考えられており，閉経前の女性が脳梗塞や心筋梗塞になりにくいのも女性ホルモンのためです。ホップの効果を最大にしたいのであればIPAのようなビールがおすすめです。数年前，日本（キリンホールディングス㈱健康技術研究所）で興味ある研究結果が発表されました。発表によると，ホップ由来のイソα酸にアルツハイマー型認知症の原因物

ちょっと詳しく

アルコールは脳にプラスにもマイナスにもなる

上記のようにビールは脳機能にいくつものプラス面があります。実はお酒一般で見ても適量の飲酒は老後の認知機能を維持し，認知症予防に効果があるといわれています。飲酒で脳の血行が良くなることと関係あるかもしれません。加えてワインなどではポリフェノールの働きもあるようです。他方マイナス面では，多量の飲酒と脳萎縮との関連が指摘されています。アメリカで行われた 65 歳以上の男女 3600 人の飲酒習慣調査と脳 MRI 検査（認知症リスク検査）により，ビール小瓶を週に 1〜6 本飲む人は認知症のリスクが標準の 0.4 倍と低くなるものの，7〜13 本では 1.4 倍，13 本以上では 2.5 倍に上昇することがわかりました。適量なら良い効果が出るけれども，飲み過ぎるとやはり悪い影響が出てしまうようです。

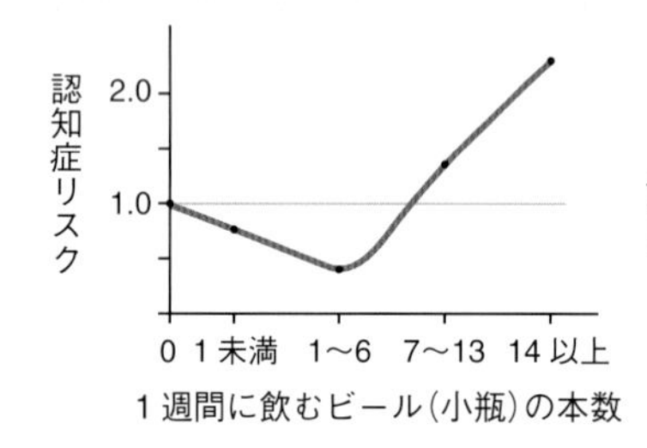

飲酒と認知症リスクとの関係
[*JAMA*, 289, 1405-1413, 2003]

質アミロイド β が脳に蓄積するのを抑制する効果，脳の炎症を防止する効果，そして認知機能改善効果があるというのです。これらの現象は，イソ α 酸がアミロイド β などの脳内老廃物を取去るミクログリア細胞の働きを高めることによると結論づけられています。

「適量」ってどれくらい？

どれくらいまでのお酒の量だと健康に目立った影響が出ないので

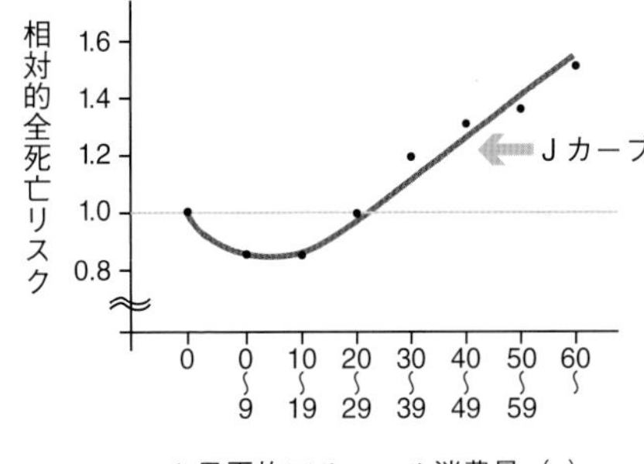

アルコール消費量と死亡リスクの関係（Jカーブ効果）［*Med.J.Aust.*,164, 141-145, 1996］

しょうか？　答えは「Jカーブ効果」という，お酒と健康の関係でよく引き合いに出される現象にヒントがあります。

Jカーブ効果とは，飲酒と総死亡率の関係を長期にわたって大規模に調べた複数の研究から導き出された「飲まない人を基準にすると死亡率は適度の飲酒量の場合が最も低く，それを超えるとどんどん高くなる」というもので，結果を示すグラフが「J」の形になるのでこうよばれます。このJカーブ効果，今では辛党に飲酒のお墨付きを与える，ありがたい錦（にしき）の御旗（みはた）のようなものになっています。

Jカーブによると適量は男性で1日1〜1.5単位と判断できます。罹患（りかん）率（病気にかかる割合）でくわしくみてみると，虚血性心疾患，脳梗塞，糖尿病，認知症などではカーブはきれいなJ字になり，適量の飲酒量の良い効果が明確にわかります。他方，脳卒中・大動脈瘤，高血圧，肝硬変，乳がん，大腸がん，上部消化管がんはJカーブにならず，203ページで述べたように罹患率は少量から飲酒量に従って上昇します。結局，死亡原因上位の虚血性心疾患，脳梗塞，糖尿病が強いJカーブ効果を示すため，全死亡率ではJカーブになると解釈できます。

1日1〜1.5単位を適量とするのが現在の主流になっています。お酒好きにとっては少々物足りないかもしれませんが，酒量で重要なことはある期間の総アルコール量なので，上の基準を1週間に7〜10単位と読み直せばさほど少ないわけでもありません。体調不良，酒が弱い，高年齢，病気がある，そして女性などの場合は基準量の7〜5割に減らすと良いでしょう。すでに述べてきた，飲酒が関わるとされる発症率の比較的高い大腸がん，食道がん，乳がん，肝臓がんなどを考えると，「少しの飲酒でもかなりの影響があるのでは？」と飲酒を躊躇（ちゅうちょ）するかもしれませんが，筆者は適量であれば必要以上に神経質になることはないと思っています。

最近の研究では「40歳の平均余命が，1日0.7〜1.4単位（つまり，ほぼ適量）の飲酒で6カ月短縮する」といわれています。ちなみに週に10〜17単位では1〜2年，18単位以上では4〜5年寿命が縮まるそうです。筆者はこの見積りをむしろ歓迎しています。つまり，現在40歳の男性が82歳まで生きるとして，適量であれば寿命短縮はわずか半年，ほぼ誤差範囲の中に入るからです。

死亡リスクは飲酒だけではなく，ほかにもいろいろあります。たとえば体質・遺伝的素因，食事習慣，摂取食品（食物繊維・糖分・不飽和脂肪酸・ポリフェノール・塩分など），嗜好（しこう）品（タバコ，カフェインを含む飲料など），運動，生活習慣全般などはそれぞれが寿命に関係し，ものによっては飲酒をはるかに超える影響があります。断酒してもそれらに気をつかわないのでは何もなりません。酒量だけに神経をとがらせるのはナンセンスですね。ともかく適量を念頭に，安心してお酒を楽しみましょう。

飲み過ぎはこうして防ごう

お酒を飲んで周囲と意気投合して話が盛り上がると，気分が高まってどうしても酒量が増えてしまいます。「独り飲みだとそんなには飲めない」といわれるように，飲み過ぎのほとんどは仲間と飲むときに起こります。飲み過ぎはどう防いだら良いのでしょうか。

断り上手になろう　欧米などでは，自分が飲むお酒は自分で注(つ)ぐのが基本になっていますが，日本では他人に勧めるというのが礼儀のように思われているため，注がれるほうはつい飲み過ぎてしまいます。上手に断ってペースダウンしましょう。今のご時世，無理強(じ)いしてまで注ごうという人はいないはずです。筆者は外飲みでペースを守りたい場合，注ぎ足しされることがあまりない焼酎のお湯割りにすることが多いです。

お酒は飲まない？　味わう！　お酒は楽しみながら，料理とともに味わうべきものというのが筆者のモットーです。お酒にはそれぞれの味わいがありますが，酔いが深まってくるとだんだん感覚が麻痺してきてそのお酒特有の香味がわからなくなり，どんなお酒も同じ「アルコール臭，アルコール刺激」しかしなくなってきます。このように，お酒を味わって飲むことができなくなったら，そのときがお開きのタイミングです。

飲むペースを一定にする工夫　独り飲みは自分のペースで飲めるので飲み過ぎることが少ないですが，ここにヒントがあります。つまり，周囲の人に煽(あお)られないようにして自分のペースをつくり，それを守って飲むことが飲み過ぎ防止の重要なポイントです。気が大きくなって，たとえば清酒をビールのようなペースで飲んだりしないようにしましょう。

自分で自分が変だと思ったらお開きの準備を　飲んでいるときに，自分が「同じことを何度も言っている」，「言葉がスラスラ出てこない」，「見えにくい。聞こえにくい」などと感じたら，血中アルコール濃度は 0.15～0.2% になっているはずです。典型的酩酊状態に入っていることのサインですね。飲み過ぎであることを自覚し，ソフトドリンクに切替えるなどの対応策をとりましょう。

ちょっと詳しく

「チャンポンは悪酔いのもと」は勘違い

悪酔いの言い訳でよく聞かれる「昨日はチャンポンしちゃったから」ですが，本当にお酒をいろいろ変えながら次つぎに飲むチャンポンが悪酔いの原因なのでしょうか？　まずはっきりしていることは，種類の違うお酒どうしで何か体に悪いものができるということは科学的にはありません。つまり複数の酒類を飲んだから悪酔いするということはないのです。

ではなぜチャンポンが犯人にされてしまうのでしょうか？　辛党ならば誰もが経験することですが，お酒を飲んで酔いがまわってくると気が大きくなって，勧められるお酒を種類に関係なく受け入れてしまいます。さらに酔いがまわって判断力が鈍ると，自分でもいろいろな種類のお酒を選んでハイピッチで飲むようになり，ついにはどれくらい飲んだかもはっきりしなくなってしまいます。そうです！　チャンポン犯人説の真相，実はただの「飲み過ぎ」なのです。

おわりに
お酒を１２０％楽しむ！

「お酒は料理とあわせておいしく，友達と歓談しながら楽しく」が筆者のモットーです。本書の締めくくりに，筆者がお酒で体験したこと，こだわっていること，そして抱いている想いなどを随想的に述べてみようと思います。

お酒愛は出会いからはじまった

筆者，若い頃は他の若者と同じように，仲間と集まってウイスキーやビールをただ飲んで騒ぐだけの人間でした。しかし社会人になってからは，研究職という仕事柄，酒席が仕事の場の延長になることがほぼなく，多くの社会人のようにお酒がつきあいのツールになることもありませんでした。30 代くらいまでは家でもあまり飲んでいなかったように記憶しています。ただ 40 代になると，旨いものを食べながらちょっとおいしいお酒を飲む，いわゆるグルメ飲み的な飲酒が増え，いろいろな種類のお酒を経験しはじめ，やがてどんなお酒でもおいしく飲めるようになりました。つまりお酒に関しての変化があったわけです。このような変化のきっかけは食やお酒に対する好奇心もありますが，それ以上にこれからお話しするような周囲の人による影響が大きかったと思います。

お酒のおもしろさに目覚めたのは 35 年ほど前，仕事でフランスに住んでいたときでした。仕事上の兄貴分だったＥ氏は典型的な食通かつお酒好きで，筆者が飲んだことのないポート，さまざまなワイン，アルマニャックやシャンパン，フルーツの香りのする地方特産のスピリッツやリキュールなどのお酒を教えてくれました。これ

神事のとき，乾杯のとき，なぜお酒なのか？

魂に働き，人を酔わせ，人格も変えることから，古代人にとってお酒は神秘の飲み物であったに違いありません。神秘さゆえ，お酒は宗教のツールとして使われます。ギリシャ神話やローマ神話ではそれぞれディオニュソス，バッカスという酒の神が登場し，キリスト教ではワインをキリストの血にみたて，「最後の晩餐(ばんさん)」でも飲まれました。中世ヨーロッパではワインやビールの多くは修道院でつくられ，それが信徒の心を掴(つか)む道具にもなりました。日本では神道でお酒が御神酒(おみき)として神に供えられ，それを私達がいただきます。ご存知のとおり，御神酒は結婚式をはじめとする神事の必須アイテムですね。

現在もお酒は日常生活のさまざまなところで登場しますが，その筆頭は乾杯（または献杯）でしょう。慶弔のとき，出会いや別れのときなど，古今東西を問わず必ず行われます。でも酔うことが目的ではないのに，お茶やジュースではなくなぜお酒なのでしょうか？理由の一つに先に述べた「お酒が魂に働く」，「何か神聖なもの」ということがありそうです。お酒で乾杯すれば，「魂を込めて，心から」といったスピリチュアルな雰囲気が出ますね。第二はお酒の特徴，アルコール刺激だと思います。あの痺(しび)れて体に染み入る感覚が「心に染み入る」という想いにつながるのでしょう。第三はお酒が非日常的なものなので，乾杯の場が特別なものと意識できるのだと思います。

以上のような感覚をその場の人達と共有することにより，イベントが心に刻まれるのでしょう。皆さんはどう思いますか？

まで飲んだことのないさまざまなお酒の体験が，筆者のその後のお酒の飲み方に影響を与えたのは明らかです。その後は海外に出たら積極的にその土地の酒を求めて飲んだりするようになり，その度に「こんなお酒もあるんだ！」という驚きが今でもよくあります。海外旅行以外でも，お酒についてここ 10 年の間に大きな変化がありました。還暦の少し前からはスペインワインやシェリーも飲みはじめましたが，これにはスペイン料理研究家の N 氏とスペインワイン輸入業の Ki 氏とのつきあいが深く関係していて，とりわけシェリーをよく飲むようになりました。

筆者は 50 代半ばまで清酒はあまり飲まなかったのですが，十数年ほど前から，その頃に知り合った T 氏に勧められてまた飲みはじめました。若い頃，二級の普通酒がメインだった筆者にとって，純米酒や吟醸酒などのさまざまな美酒，名酒の体験は「清酒ってこんなにおいしいんだ！」という衝撃に近いものでした。

その後毎年 1 回，T 氏と Ka 氏のご家族と一緒に，日本各地，時には外国を旅し，お酒を味わい，酒蔵を訪ね，お酒に合う料理を堪能するのが年中行事になっています。筆者は昔から独りで外飲みすることはほとんどなく，ほぼすべてが家での晩酌です。独りは気楽なので嫌いではないのですが，近頃は積極的に機会をつくり，ちょくちょく友達飲みを楽しんでいます。ようやく人並みの飲み方ができるようになったということでしょうか。今お話したような人達に出会わなければ，お酒に関する経験や感動を知らずに過ごしていたに違いありません。

お酒はエポックを心に焼きつけてくれる

人生の出来事すべてを記憶し続けるのはむろんできませんが，お酒とともに経験した出来事は不思議と覚えています。筆者の経験ですが，たとえば学生のときに入っていた市民オーケストラのコンサートで，重要な独奏を無事にこなしホッとして，その後の打ち上げで自分史上最高記録，ビールを飲めるだけ飲んだことがありました。若い頃に高校の先輩の家で飲み，1泊して電車で帰ったのですが，電車の中で初めてひどい二日酔いを経験し，夕方まで駅のベンチで寝てしまいました。このときの先輩達との青春談義，今でも思い出します。名酒『十四代』の飲める飲み屋に何人かで行ったとき，出された裏メニューの特大エビの焼き物が絶品で，お酒を何倍もおいしく飲んだ記憶が今でも脳裏に浮かんできます。

仕事に関連したお酒の思い出もあります。おもに海外ですが，ウィーンの学会でホイリゲ（ウィーンのワイン醸造農家が経営するワイン酒場）に集まって自家製ワインを飲みながら皆で騒いだこと，ポーランドの古城で開かれた研究会では『ズブロッカ』というウオッカをリンゴジュースで割ったものを飲みながら，私の我流ピアノ伴奏でそれぞれ自国の歌を歌い合い，最後は歌声喫茶のように盛り上がったことがありました。お酒には記憶を増強する力がある気がします。

日本のお酒は掛け値なく，おいしい！

世界のあちこちへ旅行した筆者の率直な感想ですが，日本は本当にいろいろなお酒がおいしく飲めると思います。たとえば，米の香りのするほんのり甘口で旨味がきいた清酒はワインのような酸味がないため，ある意味ワイン以上に料理に合います。こんなに味のあるお酒，世界のどこにもありません。個人的には世界文化遺産になった和食と同格の価値さえあると思っています。今では世界的にも「SAKE」として広く飲まれていますが，小さな島国で生まれたお酒が世界の酒になる日も近そうです。

本格焼酎はアルコール濃度 25％の濃いお酒としての本来の飲み方も良いですが，水やお湯でアルコール濃度 12～15％にした食中酒も最高です。清酒のように旨味を主張せず，ほんのりとした香りが立つものの，ウイスキーやブランデーのように香りも強調しないので料理の味を邪魔せず，どんな料理にも合うお酒になっていると思いませんか？　食中酒に焼酎，おすすめです。また，筆者は日本のピルスナースタイルのラガービールはドイツビールやチェコビールに肩を並べるくらい，いやそれ以上の品質だと思っています。“キレ”に加えて“こく”があるのが日本のビール最大の特徴で，知り合いの酒通外国人も日本のビールが世界一だと絶賛していました。

日本のワインは最近地理的表示“日本ワイン”がはじまり，新しい醸造家が参入するなど，品質の向上に向かっての熱意がその味にも感じられます。ただワインは“ブドウがすべて”という厳しい現実があります。おそらく，今後，日本ワインは世界的に定評のある品種のブドウの木を輸入するなどして，フランスワインを手本とするようなものをつくろうとする流れと，あえて国内のブドウ品種を使って日本独自の味わいを極めようとする二つの流れに進むように思います。どう変わっていくのかが楽しみです。

ウイスキーは本来日本のお酒ではないにもかかわらず，先人達は長い醸造の歴史を経て，樽材の工夫をはじめとする幾多の努力の結果，味と香りのバランスの良さに飲みやすさが加わったジャパニーズウイスキーを完成させました。今やその人気は皆さんも知っているとおりです（126 ページ）。昨年パリへ行ったときにウイスキー専門店 2 箇所をのぞいたのですが，ウィンドーの中央に鎮座していたのはそれぞれサントリー『響』と松井ウイスキー『倉吉』でした。さすが！　ジャパニーズウイスキー！

このように日本のお酒が皆おいしいのはなぜでしょうか？　手前

味噌かもしれませんが，理由は日本人特有の資質にあると思います。日本人は探究心に富み，目標を質に置く傾向があり，それが酒づくりにも出るのでしょう。もう一つ，優れた味覚があります。わずかな味の違いを感じとってその良し悪しを判断し，再現する能力です。料理や菓子，ソムリエなどのコンクールでも日本人はたびたび上位を占めます。筆者が驚く日本人の味覚再現力は，いろいろな成分を調合した液体をビールの味に近づけるノンアルコールビールの出来ばえです。第三は，外来文化を積極的に取入れ，自分のものにしてさらに高めるという DNA があるのだと思います。

まずいお酒を買っても大丈夫！

買ったお酒が口に合わないこと，ありますよね。そんなお酒でもなんとかおいしく飲む方法をご紹介します。たとえば「酒瓶を振る」という簡単な方法があります。この方法，清酒をおいしく飲む裏技だそうですが，空気に触れさせて「開かせる」ことにも通じるので，ワインでもできそうです。うまくいくかはワインしだいですが。Q12 で紹介した「割り箸を入れる」はどうでしょうか？　飲む温度を変えてみるという手もあるかもしれません。一方，味が変わってもいいのであれば，とにかく何かを加えるということではないでしょうか。ワインであればフレーバードワインの項で述べたように，夏はサングリア，冬はホットワインにしてみましょう。

ワインに限らず，お酒を飲みやすくするには何かを加えてカクテルにするのが常套手段です。「好みに合わない」お酒を飲む場合もカクテルにすることをお勧めします。筆者は，「甘みを足す」，「炭酸水で割る」，「酸味を加える」，「ロックにする」，「塩やレモンを添える」などを組合わせて造ります。炭酸水を多めにして氷でも入れればほぼ清涼飲料水にもなります。以前熟成テキーラを炭酸で割っ

ちょっと詳しく

飲むタイミングでお酒を分ける

上述のようにお酒と食事は切っても切れませんが，食事との関係からお酒を分類できます。食事の前に食欲増進のために飲むお酒を食前酒（アペリティフ）といい，日本でもパーティーなどがはじまる前に出されます。ワインカクテル，スパークリングワインが多いですが，シェリーのような酒精強化ワインを使うこともあります。食後は消化を助ける目的で食後酒（ディジェスティフ）として濃いめのデザートワイン，ポート，そしてブランデーなどのスピリッツが飲まれますが，この習慣，日本ではまだあまり定着してないようです。筆者は食前，食後酒は結構こだわるほうで，以前今よりは少し広い家に住んでいたときには，ホームパーティーなどのときに 15 種類くらいのお酒を揃えておもてなししていました。食事中は料理に合う中程度の濃さのお酒が食中酒として飲まれます。日本では清酒かワイン，薄めた焼酎やウイスキーが一般的ですが，世界ではもっぱらワインです。日本ではビールも一般的ですが，欧米ではビールをフォーマルな会食の食中酒として飲むことは少ないようです。どうも，お酒としての“格”が落ちるということがあるみたいです。

て飲んだことがあるのですが，樽熟成感があるのにウイスキーのようなスモーキー感はなく，それでいてテキーラの爽やかさが残っており，ハイボールよりはるかにおいしく飲めました（しかも安い！）。清酒の粘膜にまとわりつくような口当たりが苦手な人にも炭酸割りを勧めます。甘いのは苦手という人は，辛口スピリッツ（たとえばジン）とライムジュースを使い，ギムレット風などにするのも良いでしょう。もっと「簡単に」というのであれば，レモンをしぼって炭酸で割ってみましょう。焼酎なら梅干しを入れる方法もあります。参考になりました？

最後に一つ，「ウソ！」と思うかもしれませんが「まずは飲んでみる」をあげておきます。筆者，以前トルコで買ったスピリッツの『ラク』，初めはにおいがキツくてダメだったのですが，不思議なことに飲んでいくうちに結構好きになりました。皆さんだって，ビールを最初は「苦くてまずい！」と思ったはずなのに，いつのまにか好きになりましたよね？　そういうこともあるんです。

料理はお酒のために！　お酒は料理のために！

以前，味に頓着しない外国の人とカフェバーでビールを飲もうとしたとき，「何かつまみ食べる？」と聞いたら「エッ，食べるの？」と怪訝（けげん）な顔をされました。おいしく飲むことに関心のない人にとっては，食事が主目的でない限り食べ物は余計な物に映るようです。飲酒時に何か食べることは健康上必要であるとともに（207 ページ），お酒が進むことを私達はよく知っています。料理とお酒の絶妙な組合わせをマリアージュといいますが，つまみはお酒を何倍もおいしくしてくれるパートナーなのですね。

料理に合うお酒　爽やかな香りで少し酸味のきいた繊細な味の魚介料理にタンニンの強い赤ワインやアクセントのない甘さの強い白ワインが出たら料理は台無しですし，ワインもおいしく飲めません。お酒の味は料理で活き，料理もまたお酒で活かされます。一般的にいえば，料理の味を邪魔しない少し辛めのお酒が料理の甘みや旨味を強く感じさせてくれるので好まれます。そういう意味ではビールは第Ⅰ部で述べたように，多くの料理とよく合います。

海外へ行ってお酒がよくわからないときは無難にビールでも良いですが，独特な調味料がきいた中華料理には白酒や黄酒，辛味と酸味とオイルが絡んだメキシコ料理にはテキーラの炭酸割りといったように，「その国のお酒で」がヒントになります。ワインは味わいが多様なので料理に合わせて銘柄を選ぶ必要がありますが，逆にいえば，上手に選べば，ワインはどんな料理にも合わせられるということになります。だからソムリエという専門職が存在するんですね。最近は日本料理にもワインを合わせることが増えてきました。ただ，酸味と渋みのきいたフルボディの赤ワインは，醤油と砂糖やみりんで味つけされた日本料理にはマッチしにくいことが多く，無難なのは白でしょうか。

お酒とつまみの相性の法則は？　お酒とつまみとの組合わせに決まった法則はあるのでしょうか。一般には同じような味の組合わせが良いとされます。たとえば辛口カクテルのマティーニと塩のきいたブルーチーズ（ロックフォールなど）などです。でもお互いの味を引き立てる，あるいは中和するという理由から反対の味の組合わせが良いという場合もあります。ウイスキーのつまみにチョコレートやレーズンが出されるのがその例です。相性にはいろいろなパターンがあり，また組合わせによって新しいおいしさが引き出されることもあるようで，新しいつまみにトライするのも面白いかもしれません。以前，寿司屋の大将が「赤ワインとイクラ，意外に合いますよ」と教えてくれました。本当かどうか，いつか試してみようと思います。皆さんもいろいろ試してみてください。新しい味やお酒の世界が開けるかもしれません。

ワインにはやはり定番のチーズ

しっとりして旨味と塩気があり，栄養価（脂肪，タンパク質，カルシウムが主体のミネラル）が高く，日持ちが良くて切ってすぐに食べられる。チーズはワインに最適なつまみの一つです。日本でも愛好家が多いですが，欧米に比べればまだ一般的とはいえません。乳製品消費の多いヨーロッパのチーズは量と多様性において群を抜いていますし，しかもうらやましいくらいに安いのです！　ヨーロッパのチーズはワインとともに発展し，ワインが多様なようにチーズも動物の種類，硬さ，熟成期間，熟成用微生物，処理法などの点からきわめて多様で，フランスでは「山や川を一つ越えればチーズも違う」といわれるほどです。

チーズの魅力は独特の風味，香りとにおい，旨味と塩味，そしてとろみ（脂肪分）の全体でつくる味わいで，それらがワインの味と調和したりコントラストをなすことでワインを引き立てます。ラーメンスープに油があると味が格段に良くなるように，脂肪分と塩味は旨味を高める働きがあります。チーズを主役にしたピザはむろんビールに合いますが，白ワインとの相性も申し分ありません。

日本でおなじみのソフトタイプの白カビチーズは爽やかで軽めの白ワインやシャンパンなどによく合います（表20）。熟成させていないフレッシュチーズは辛口の白や軽めの赤に合います。ハードチーズやセミハードチーズは旨味があってどんなワインにもだいたい合い，熟成したものはからすみ（ボラの卵巣を干したもの。清酒のつまみとしては最高の一品）に似たコクがあります。苦手な人の多いブルーチーズですが，味の濃厚な白ワイン，甘口の白ワインに合います。製造プロセスに特別な手を加えたウォッシュチーズには，においの強いものが多いですが，味はクリーミーでマイルドです。ボディ感のあるどっしりとした赤ワインに合うとされますが，甘口の赤や白とも合います。ヤギのチーズはほどよい酸味をもつ白カビチーズで，酸味のきいた白ワインに合います。ヒツジのチーズはミネラル分とコクと甘味がありますが，種々の味わいのものがあるので，種類によりいろいろなワインと組合わせることができます。

表 20　チーズとワインの相性

チーズのタイプ	代表的なチーズ	相性の良いワイン
白カビチーズ	カマンベール，ブリー	軽い赤や白，シャンパン
ハード・セミハードチーズ	ミモレット，パルミジャーノ・レッジャーノ，ゴーダ，コンテ	フルーティ〜コクのある赤，コクのある白
ウォッシュチーズ	マンステール，エポワス，ショーム	甘口の白や赤 どっしりとした赤
ブルーチーズ	ゴルゴンゾーラ，スティルトン，ロックフォール	甘口〜極甘口の白 濃厚な味の白
シェーブル(ヤギ)チーズ	ブシュロン，ヴァランセ，サント・モール・ド・トゥレーヌ	酸味のきいた白 辛口の白
ヒツジのチーズ	マンチェゴ，ペライユ・デ・カバス	どっしりとした赤 コクのある白
フレッシュチーズ	モッツァレラ，マスカルポーネ	辛口の白，軽めの赤
プロセスチーズ	ゴーダ，チェダーなどナチュラルチーズを融解・成形したもの	クセのない軽めの白

上記のように，チーズに合うワインの 7〜8 割は白で，赤はコクのある濃厚なチーズや個性的な味や香りのチーズに適しています。ちなみに日本の食料品店で普通に買えるチーズはナチュラルチーズを加工したプロセスチーズで，軽めの白や日本ワイン（白〜ロゼ）と合います。ワインに合うその土地のチーズがきっとあるはずで，それを探すのも楽しみの一つですね。

旅をし，その土地の料理を食べ，そして飲もう！

海外での生活や海外出張の経験もありますが，ここ十数年ほど，筆者は年に何回か海外旅行に出かけています。好きな理由の一つは普段食べられない料理が食べられ，そして飲めるからです。日本でも外国料理は食べられますが，筆者が大事にしているのは本場の味，そして本場の気候，景色，住んでいる人達がつくる空気感です。たとえばベトナムでフォーを食べるなら，オープンテラスづくりの

マンステールでアルザスワインを！

　フランスのアルザス地方には有名なウォッシュタイプチーズのマンステールがあります。においの強いものが多いウォッシュタイプの中でも特に臭く，古い納豆のようなにおいがするため，レストランではフタをしてもってくるほどですが，臭いほどおいしいといわれています。あるとき研究室でお祝いごとがあり，お祝いの当事者（フランスではそれが普通のようなのですが）がマンステールとアルザスワインを持参してきました。ウォッシュチーズには赤が普通なのですが，そのときのワインはバラの香りと上品な甘味が特徴の白のゲビュルツトラミネールでした。そのワインとともにマンステールを食したのですが，これがびっくり。チーズとワインが絶妙なコントラストでお互いの長所を引き出してくれるのです。他人の評価はどうあれ，筆者にはピッタリでした。数年前，自宅でアルザスワイン＆アルザス料理のホームパーティーをやったときもこの組合わせをゲストに紹介しましたが，チーズ好きの Ka 氏から絶賛され，後日ご自分でも求めたそうです。皆さんもぜひ試してみてください。

アルザスワインと専用グラス
（左）ピノ・ブラン
（右）ゲヴュルツトラミネール

ちょっと詳しく

フォアグラはワインに合う極上のつまみ

フランス語で脂肪肝という意味をもつフォアグラは，餌をこれでもかと食べさせたガチョウやアヒルの肝臓です。臭みがなく，脂肪に富んでいるので柔らかく，旨味があり，ソテーかテリーヌにして食べます。クリスマスに食べるような特別な，日本でたとえるならばウナギのようなごちそうです。テリーヌは歯ごたえのあるバターのような食感で，つくるときに塩，砂糖に加えて甘口のポートを使うので，塩味を覆う甘味があります。通常はトーストに乗せて，好みによってはジャムを付けていただきます。身近なものにたとえるならばレーズンバターのような味でしょうか。

チーズのところで述べたように，脂肪分を含むものは旨味が増強されますが，このような濃厚な旨味のある食べ物はワインとの味の対比が絶妙で，つまみにピッタリです。ボディーのしっかりした赤ワインはもちろんのこと，甘めのワインにも合います。以前，知り合いのフランス人の長男の結婚式に招待され，南仏プロバンスの森に囲まれたお城で開かれた披露宴に参列したことがあったのですが，そこで出されたパーティーでのつまみの一つもフォアグラのテリーヌでした。体に良いかどうかはさて置いて，ワインに合わないはずがありません。ソテーの場合は塩味なので，ワインは赤でもドライな白でもOKです。フォアグラは動物愛護の観点から，製造には否定的な意見もありますが，そんなことを忘れてしまいそうな逸品です。

フォアグラのソテー（左）とテリーヌ（右）

ちっちゃな食堂の低いプラスチック椅子に座り，ちゃぶ台のようなテーブル上に置かれたフォーのどんぶりに，手いっぱいにつかんだパクチーを山盛り入れて食べたいのです。空気感は料理をおいしくし，旅の印象を強めてくれること請けあいです。

旅行では料理と一緒にその土地のお酒も飲みます。前述のとおり，お酒には場の情景を脳に刻む効果があり，旅の記憶がより鮮明に残ります。筆者にはウィーンに行くと必ず立ち寄るビール製造所経営の古民家風レストランがあります。そこでヨーロッパ大陸中央部にありがちな「猟師風グリル肉の盛り合わせ」的な豪快で野趣あふれる肉料理を注文し，それにピッタリの自家製ラガービールを飲む，これ，もう～たまりません！　こんなエピソードだけで１冊書けそうですが，ともかく皆さんも経験されているように，旅での飲食は普段より何倍もおいしいものです。こういうこと，遠出が気分をハイにする“転地効果”というそうです。旅の温泉のほうが自

世界のつまみ，その土地のお酒によく合います

宅の風呂よりも何倍も気持ちよく感じるあの感覚ですね。食事やお酒にもこの効果が出て，脳が「よりおいしい！」と感じてくれます。料理に合わせたもう一段おいしいお酒を飲みたければ，旅をしましょう！　海外に限らず，どこへでも！

楽しい飲みニケーションを

夕方の東京の飲み屋街はどこも会社帰りの人でいっぱいです。飲みとコミュニケーションを合わせた造語に“飲みニケーション”というのがあります。飲酒を通して対人関係の敷居を下げて人間関係を深め円滑にするという意味ですね。日本人の悪しき習慣だ！　と悪口を言う人もいますが，筆者は内向的な日本人にとっては人間関係や社会活動を円滑にするために，十分意味があることだと思います。ちなみに飲みニケーションは組織帰属意識の強い日本を含む東アジア特有の文化だそうで，欧米では特別なことでもない限り，夜一緒に飲みに出ることはありません。

飲みニケーションで注意したいことが何点かあります。まずそこに仕事の上下関係が絡むととたんに仕事の延長，いわゆる“仕事飲み”になってしまい，下の者は気楽に飲めなくなります。余計なことかもしれませんが上司の方はご注意を。筆者は，若い人と飲むときは仕事の話は絶対口にしませんでした。

二つ目は飲酒を無理強いするアルハラ（アルコールハラスメント）です。アルハラする本人は気づかないことが多く，人間関係を損ないかねません。相手の“飲みたい感”を尊重し，飲みたい分の範囲で楽しみましょう。三つ目ですが，憂(う)さを飲みニケーションで晴らすのは禁物です。やけ酒になるのがオチですし，酔いが覚めれば辛さと嫌悪感が襲ってきます。体に負担がかかるだけでなく，周りも楽しくありません。

私の飲みニケーション

筆者は現役時代，通常の会社員のような飲みニケーション経験がほとんどなかったのですが，そのような飲酒環境が約 10 年前にガラっと変わりました。きっかけは T 氏の奥さんと筆者の妻とのつきあいで，その後すぐに男どうしでも意気投合し，機会があれば家族どうしで飲むようになりました。さらにそこに酒好き Ka 氏ご夫

ちょっと詳しく

最大の「おいしい感」は脳全体でつくられる

お酒はおもに舌と鼻の感覚で飲むものですが（185 ページ），心にガツンとくるほどのおいしさは味覚や嗅覚だけでは得られず，ほかに必要な条件があります。その一つは体の状態で，たとえばビールはのどが渇いているときに特においしさが感じられ，逆に満腹だと口をつけたくもない場合もありますね。二つ目は飲酒記憶です。飲み慣れたお酒はおいしく感じるけれど，飲み慣れないお酒は受け入れることすらできません。三つ目は知識や情報です。同品質のワインが 2 本あっても，「右は有名シャトーの限定品。左は大手メーカーの定番品」と聞くと，人は無条件で右をおいしいと感じてしまいます。人間の味覚や嗅覚による判断は，ある意味いい加減なもので，最高の満足感は脳全体を使って感じるものなのです。実はここにお酒をおいしく飲むヒントがあります。お酒をおいしく飲みたいのであればまずは気分と体調を整え，その上で「おいしかった」体験を思い出し，おいしさを期待し，予測して飲みましょう。未経験のお酒やブランドを飲むときはそのお酒にくわしい人，たとえば生産者や醸造家，バーのマスターやソムリエなどの説明をぜひ聞きましょう。好奇心が生まれ，おいしさが倍増すること請け合いです。

婦も加わり，飲み会に加えて旅行もするようになりました。飲み友達の輪はさらに広がり，T氏つながりでT氏の友人のN氏やO氏が加わり，時にはそこにT氏の友人やおつきあいしている人達が加わることもあります。友達の輪20人で，2年間予約のとれない日本橋人形町の飲み屋『川治』を貸し切り，皆で水いらずで飲んだことが何回かありましたが，このイベント，今後も続きそうです。一方，妻が仲立ちになってスペイン料理研究家のN氏と知り合いになり，芋づる式に洋酒輸入業のKi氏と知り合い，N氏とKi氏ラインでの飲み会や旅行もありました。ここで紹介できなかった人はまだ何人もいますが，ともかく仕事と関係なく，飲むことで知り合いになった人が本当に増えました。飲み方も劇的に変わり，気を遣(つか)いながら飲むことはなくなり，純粋に食事とお酒を楽しむようになったのです。まだ飲みニケーション初心者なので，いまだにペースがつかめず飲み過ぎてしまうことも多いですが，仕事の世界しか見えてなかった筆者に，お酒がきっかけで仕事以外の世界が拓(ひら)けてきたことは間違いありません。気の合った友達と楽しい時間を過ごすこと，これがお酒を120％楽しむコツの一つですね。飲みニケーション，万歳！

参考文献

- 「意外と知らないお酒の科学」（SUPERサイエンスシリーズ），齋藤勝裕，2018（C&R研究所）
- 「うまい酒の科学」，独立行政法人 酒類総合研究所，2007（SBクリエイティブ）

- 「お酒の科学」（おもしろサイエンスシリーズ），佐藤成美，2012（日刊工業新聞社）
- 「酒の科学」，アダム・ロジャース著，夏野徹也訳，2016（白揚社）
- 「酒好き医師が教える最高の飲み方」，葉石かおり著，浅部伸一監修，2017（日経 BP 社）
- 「酒好き医師が教える薬になるお酒の飲み方」，秋津壽男，2018（日本文芸社）
- 第三版「新 酒の商品知識」，独立行政法人 酒類総合研究所(編)，2018（法令出版）
- 「発酵文化人類学」，小倉ヒラク，2017（木楽舎）
- 「知識ゼロからのワイン入門」，弘兼憲史，2000（幻冬舎）
- 「厳選世界のビール手帖」，日本ビアジャーナリスト協会監修，2016（世界文化社）
- 「クラフトビール超入門」，主婦の友社，2019（主婦の友社）
- 改訂新版「酒類入門」（食品知識ミニブックスシリーズ），秋山裕一・原昌道，2004（日本食糧新聞社）
- 「アルコール熟成入門」（食品知識ミニブックスシリーズ），北條正司・能勢 晶，2017（日本食糧新聞社）
- 「わかる！みにつく！生物・生化学・分子生物学」，田村隆明，2018（南山堂）
- 国税庁ホームページ：お酒に関する情報 www.nta.go.jp/taxes/sake/index.htm
- 財務省ホームページ：酒税に関する資料 www.mof.go.jp/tax_policy/summary/consumption/d08.htm
- 「シェリー，ポート，マデイラ：共通点と相違点」，明比淑子，日本醸造協会誌，106 巻(9)，pp597-605（2011）

掲載図出典

写真の提供をご快諾くださいました皆さまに感謝申し上げます。

p.28	『山田錦』兵庫県立農林水産技術総合センター
p.32	『奥の松あだたら吟醸』奥の松酒造株式会社
p.36	『元禄美人』オエノングループ合同酒精株式会社
	『三河鬼ころし』相生ユニビオ株式会社
p.39	田端酒造株式会社
p.43, 46	株式会社WAKAZE
p.56	宝焼酎『純』宝ホールディングス株式会社
	『大五郎』,『かのか』アサヒグループホールディングス株式会社
p.58	ホッピービバレッジ株式会社
p.64	『カベルネ・ソーヴィニヨン』,『メルロー』,『ピノ・ノワール』,『グルナッシュ』,『シラー』,『サンジョベーゼ』,『テンプラニーリョ』,『ネッビオーロ』,『マスカットベーリー A』メルシャン株式会社
	『カベルネ・フラン』サントリーホールディングス株式会社
p.65	『シャルドネ』,『ソーヴィニヨン・ブラン』,『リースリング』,『ピノ・グリ』,『セミヨン』,『甲州』メルシャン株式会社
	『ミュラー・トゥルガウ』,『ゲヴュルツトラミネール』,『ミュスカ』,『ピノ・ブラン』北海道ワイン株式会社
p.90	『赤玉ポートワイン』サントリーホールディングス株式会社
p.97	『キリン一番搾り』キリンホールディングス株式会社
p.99	『ピルスナー』©ビアクルーズ
p.100	『ペールエール』©ビアクルーズ
p.101〜103	©ビアクルーズ
p.104	『スーパードライ』アサヒグループホールディングス株式会社
	『キリンラガー』,『キリンクラシックラガー』キリンホールディングス株式会社
p.105	『グランドキリン』キリンホールディングス株式会社

p.127　『山崎』サントリーホールディングス株式会社

p.153　写真左　© Eric Litton/Wikimedia Commons

p.183　Wikimedia Commons

田村隆明（たむら たかあき）

1952年秋田県生まれ．1974年北里大学衛生学部卒．1976年香川大学大学院農学研究科修了（農学修士）．医学博士（慶應義塾大学）．慶應大学医学部助手，フランスストラスブール第一大学博士研究員，基礎生物学研究所助手，埼玉医科大学助教授などを経て，1993年から2017年まで千葉大学理学部教授．専門は分子生物学，遺伝子科学，遺伝子工学．
『基礎分子生物学』（東京化学同人，第4版，2016），『遺伝子発現制御機構』（東京化学同人，2017），『基礎から学ぶ遺伝子工学』（羊土社，第2版，2017），『改訂バイオ試薬調製ポケットマニュアル』（羊土社，2014），『わかる！身につく！生物・生化学・分子生物学』（南山堂，第2版，2018），『大学1年生のなっとく生物学』（講談社，2014），『しくみからわかる生命工学』（裳華房，2013）など，これまで50冊以上の書籍を執筆・翻訳している．

お酒を120％楽しむ！

田村隆明 著

2020年3月27日 第1刷 発行

ISBN978-4-8079-0984-1

発行者
住田六連

発行所
株式会社 東京化学同人
東京都文京区千石3-36-7（〒112-0011）
電話 (03) 3946-5311
FAX (03) 3946-5317
URL http://www.tkd-pbl.com/

印刷・製本 新日本印刷株式会社

Printed in Japan